“十四五”时期国家重点出版物出版专项规划项目

智慧水利关键技术及应用丛书

智慧水利全面感知关键应用技术研究报告

ZHIHUI SHUILI QUANMIAN GANZHI
GUANJIAN YINGYONG JISHU
YANJIU BAOGAO

智慧水利全面感知技术研究编委会　编著

中国水利水电出版社
www.waterpub.com.cn
·北京·

内 容 提 要

本书对推进智慧水利全面感知体系建设的关键技术展开研究，对我国小型水库、堤防、旱情、灌区感知现状及存在问题进行了全面的分析，并从技术和管理的角度对小型水库、堤防、旱情、灌区的感知需求和感知设备布设进行了系统阐述，提出了适用于多种应用场景的全面感知技术方案。同时，结合行业应用特点，提出水利视频智能监控的解决方案。

本书旨在为智慧水利全面透彻感知体系建设提供技术参考，可供从事智慧水利建设的专业技术人员以及与智慧水利建设相关的管理人员学习和参考。

图书在版编目（CIP）数据

智慧水利全面感知关键应用技术研究报告 / 智慧水利全面感知技术研究编委会编著. -- 北京 : 中国水利水电出版社, 2020.12(2024.2重印)
ISBN 978-7-5170-9007-6

Ⅰ. ①智… Ⅱ. ①智… Ⅲ. ①智能技术－应用－水利工程－研究报告 Ⅳ. ①TV-39

中国版本图书馆CIP数据核字(2020)第213308号

书　　名	**智慧水利全面感知关键应用技术研究报告** ZHIHUI SHUILI QUANMIAN GANZHI GUANJIAN YINGYONG JISHU YANJIU BAOGAO
作　　者	智慧水利全面感知技术研究编委会　编著
出版发行	中国水利水电出版社 （北京市海淀区玉渊潭南路1号D座　100038） 网址：www. waterpub. com. cn E-mail：sales@mwr. gov. cn 电话：（010）68545888（营销中心）
经　　售	北京科水图书销售有限公司 电话：（010）68545874、63202643 全国各地新华书店和相关出版物销售网点
排　　版	中国水利水电出版社微机排版中心
印　　刷	天津嘉恒印务有限公司
规　　格	184mm×260mm　16开本　10.5印张　256千字
版　　次	2020年12月第1版　2024年2月第2次印刷
印　　数	1001—1500册
定　　价	**78.00**元

凡购买我社图书，如有缺页、倒页、脱页的，本社营销中心负责调换

智慧水利全面感知技术研究
编　委　会

主　　编　王桂平　张巧惠　肖晓春　张　煦

参编人员　刘德龙　董　静　冯宾春　梁犁丽　李亦凡

乐世华　张卫君　韩长霖　王明军　李　夏

彭德民　满运涛　王丹阳　邓小刚　文正国

袁平路　毛　琦　郭　洁　赵勇飞　张　捷

张显兵　何　婷

前　言

水利部历来高度重视水利信息化建设，提出了以水利信息化带动水利现代化的总体要求。多年来，水利信息化建设虽然已取得了很大成绩，但智慧水利建设还处于初级阶段。

云计算、物联网、大数据、移动互联网、人工智能等新一代信息技术与经济社会深度融合，智慧城市、智慧社区、智能电网、智慧交通、智慧气象、智慧医疗等在发达地区和相关行业得到普遍应用，深刻改变着政府社会管理和公共服务的方式。智慧水利作为智慧社会建设的重要组成部分，应围绕智慧社会“透彻感知、全面互联、广泛共享、深度整合、智慧应用、泛在服务”的主要特征开展建设。而透彻感知作为基础“感官”，通过全方位、全对象、全指标的监测，为管理与公共服务提供多种类、精细化的数据支撑，是实现智慧水利的前提和基础。透彻感知既需要传统监测手段，也需要物联网、卫星遥感、无人机、视频监控、智能手机等新技术的应用；既需要采集行业的主要特征指标，也需要采集与水利行业相关的环境、状态、位置等数据，全面覆盖洪水、干旱、水利工程建设、水资源开发利用、城乡供水、节水、江河湖泊、水土流失、水利监督等业务管理对象。

本书对推进智慧水利全面感知体系建设的关键技术展开研究，对我国小型水库、堤防、旱情、灌区感知现状及存在问题进行了全面的分析，并从技术和管理的角度对小型水库、堤防、旱情、灌区的感知需求和感知设备布设进行了系统阐述，提出了适用于多种应用场景的全面感知技术方案。同时，结合行业应用特点，提出水利视频智能监控的解决方案。

本书旨在为智慧水利全面透彻感知体系建设提供技术参考，可供从事智慧水利建设的专业技术人员以及与智慧水利建设相关的管理人员学习和参考。

由于研究时间和编者水平有限，书中难免疏漏和不当之处，敬请读者批评指正。

编者

2020 年 7 月

前　言

编者

目　录

第 1 章

引　　言

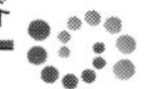

1.1 研 究 背 景

水利部贯彻落实十九大精神，确定“水利工程补短板、水利行业强监管”的新时代水利改革发展总基调，对水利信息化提出了明确的“补短板”要求。水利信息化水平的提档升级离不开水利管理对象及水利管理活动的数字化，也就是说需要全面掌握和反映水利管理对象及水利管理活动的基本信息和动态信息，这是基础也是前提，但是目前距离解决水旱灾害、水资源、水环境、水生态四大水问题，实现透彻感知的要求还相差甚远。

视频监控、遥感监测、导航定位、舆情监控、智能解译与识别等新技术和机器人、无人机、无人船、卫星等新型自动观测设备已广泛应用到各行各业，在扩大监测范围、及时掌握第一手资料方面取得了突出成效。水利行业虽然也进行了初步尝试和应用，但在应用的广度和深度方面仍明显不足，对强监管的支撑力度远远不够。由于水利管理对象点多面广且高度分散，具有自身特点，在新技术和新设备推广应用的过程中也存在一些新的问题和难点亟待解决。

因此，为加快补齐水利信息化短板，全面构建满足洪水、干旱、水利工程安全运行、水利工程建设、水资源开发利用、城乡供水、节水、江河湖泊、水土流失、水利监督等水利业务需求的“实用安全”的信息系统，智慧水利总体方案作为顶层设计，将全面感知列为需要重点研究的关键应用技术之一，以避免重复建设和提高感知效率为原则，统筹水利感知对象、要素和技术为手段，建设空天地一体化水利感知网为目标，重点解决感知薄弱环节和有突出需求的技术在应用方面存在的主要问题。

1.2 研 究 目 的

针对智慧水利全面感知关键技术环节开展深入专题研究，在已有水文监测站网、水利工程工情监测站网、水土保持监测站网等传统监测站网的基础上，梳理江河湖泊、水利工程、水利管理活动三大类水利感知对象实现全面透彻感知面临的难点问题和薄弱环节，在解决传统采集设备“测不到、测不准、测得慢、成本高”的同时，积极探索视频、遥感、定位等新技术在水利重点业务领域和关键要素监测中的应用，特别是在快速高效低成本实现大量中小水库、堤防、水闸的安全监测和旱情、灌区的综合监测方面取得较大进展，加快提升水利“自动化、智能化、立体化”的监测水平和感知能力，提出可落地、可推广的技术应用手段和解决方案，为智慧水利总体方案编制和建设项目实施提供有力的技术支撑。

1.3 研 究 内 容

根据已批复的《智慧水利总体方案编制项目任务书》要求，智慧水利全面感知技术的研究主要包含五个方面。

一是小型水库综合感知技术。针对小型水库地理位置偏远、基础条件差、管理薄弱等状况，为解决无人值守的小型水库汛期监测数据缺失问题，实现对气象、水情、主要建筑物和构筑物状态进行监测监视并与上级监控中心进行互联，研究提出免市电、高清、低功耗、防盗、适用于边远地区的智能型综合监测技术方案。

二是堤防监测技术。针对堤防监测几乎空白的状况，为改变巡堤靠人、监测靠眼、险情靠报的低效和被动局面，研究提出基于视频监控技术，结合长距离形变卫星遥感监测、无人机等技术，对堤内河湖水情和堤顶道路、护堤地、穿堤建筑物、减压井等设施的人类活动、险情等进行监视的技术方案；利用物联网技术，研究提出廉价、低功耗、易布设、易替换的堤防安全运行感知技术方案，可对险点、险段安全运行进行感知；兼顾需要和可能，分析提出视频监测点、安全运行感知点等布设技术方案。

三是旱情立体感知技术。利用物联网技术，为获取土壤墒情数据，研究提出稳定、灵敏、易用、耐用的土壤墒情监测技术方案；为解决墒情监测中地面站网代表性不足、卫星遥感量化程度低的问题，提出利用卫星遥感定量监测和地面站监测相结合的墒情监测技术方案。

四是灌区全面监控技术。为解决灌区取用水计量粗放、设施设备控制低效、安全运行状况隐患多等难题，根据多种取水条件下取水计量的需要，综合利用接触式、非接触式以及间接推算等监测测验技术，全面和系统分析灌区取用水计量技术和设备指标；根据高效调度控制的需要，结合灌溉条件，分析灌区设施设备的布设、通信、监测技术。根据重点设施和机电设施设备安全运行的需要，分析监测采集点布设及采集指标方案。

五是视频智能监控技术。针对视频监控数据，结合水利监测监控特点，为探索解决视频监控数据结构化程度不足、利用效率低等问题，利用人脸识别、异常检测、时序分析等技术，研究提出根据视频图像进行险情自动识别预警、危险活动监测报警等技术方案。

1.4 研究方法

将研究内容划分为两大类，其中：一类是场景式感知技术，包括小型水库、堤防、旱情和灌区，这类感知技术与某类具体的水利对象或水利业务相关；另一类是通用型感知技术，这里主要指视频监控，这类感知技术可以在水利众多对象和业务领域进行应用。

按照“五个为什么”的研究思路，坚持“问题导向、需求导向和目标导向”，通过现状调查、文献调查、技术交流和访谈等方法，梳理水利业务和水利对象的感知现状，感知技术的发展现状、发展趋势和在水利行业的应用现状；对标水利业务和水利对象的实际感知需求，通过经验总结、统计、定性分析等方法找到存在的主要问题和差距，进一步分析原因，准确定位场景式感知技术和通用型感知技术应用

过程中急需解决和重点突破的关键环节；针对这些关键环节，通过描述性研究、功能分析、跨学科研究等方法进行深入探讨，提出关键技术的实现方法或解决方案，再通过比较研究、验证等方法，结合已有的技术和相关产品以及发展和改进方向，进行技术可行性、经济可行性等方面的论证。最终，确定一个综合较优的、适于大范围推广应用的可行技术或方案。

第 2 章

小型水库综合感知技术

我国小型水库数量较多，主要服务于农业灌溉、乡村防洪、人畜饮水等，社会与经济效益显著，是改善农业生产条件、促进农村经济发展、提高农民生活水平、保障人畜饮水安全的重要基础设施。但小型水库土石坝90%以上建于20世纪50—70年代，主要由当地农民投工投劳修建，普遍存在建设标准偏低、工程质量差等缺陷，加之长期维修养护不善，超过一半为病险水库，且多为乡镇分散管理，甚至无人管理，造成水库的运行条件差、管理水平低，成为我国防洪保安体系中的薄弱环节，每到汛期，出险、溃坝事故时有发生，危及下游生命财产安全。相对于大中型水库，小型水库安全管理更加薄弱，安全与风险问题更加突出。

2.1 我国小型水库基本特征

2.1.1 小型水库的物理特征

1. 数量与分布特征

我国是世界拥有水库数量最多的国家，根据2012年水利普查公布数据，全国共有水库98002座，其中小型水库93308座，占全国水库总数的95.2%，小型土石坝约占大坝总数的91.3%，是我国水库大坝数量的主体。全国不同规模水库数量与总库容汇总成果见表2-1。

表2-1 全国不同规模水库数量与总库容汇总成果

水库工程	合计	大型		中型	小型	
		大（1）	大（2）		小（1）	小（2）
数量/座	98002	127	629	3938	17949	75359
总库容/亿 m^3	9323.12	5665.07	1834.78	1119.76	496.38	207.13

全国小型水库分布很广，但各省（市）小型水库拥有数量有较大的差别，地区分布很不均匀，其中：拥有小型水库数量最多的是湖南省，有小型水库13702座，占全国小型水库总数的14.7%；其次是江西省，拥有小型水库10526座；广东省和四川省分别拥有小型水库8026座和7877座；山东、湖北、云南和安徽等省都拥有小型水库5000座以上。以上8个省拥有小型水库的数量之和约占全国小型水库总数的68.5%。我国小型水库行政区域具体分布情况如图2-1所示。

针对某个具体地区，小型水库一般分布于经济和文化基础相对薄弱的山丘区，而且分布分散、地处偏僻、交通不便。这些特征决定了在各类水利工程管理中，小型水库的管理具有特殊的难度。

2. 库容特征

如表2-1所示，我国小型水库具有库容越小座数越多的特点。小（2）型水库在数量上远大于小（1）型水库。全国93308座小型水库中，有75359座是小（2）型水库。

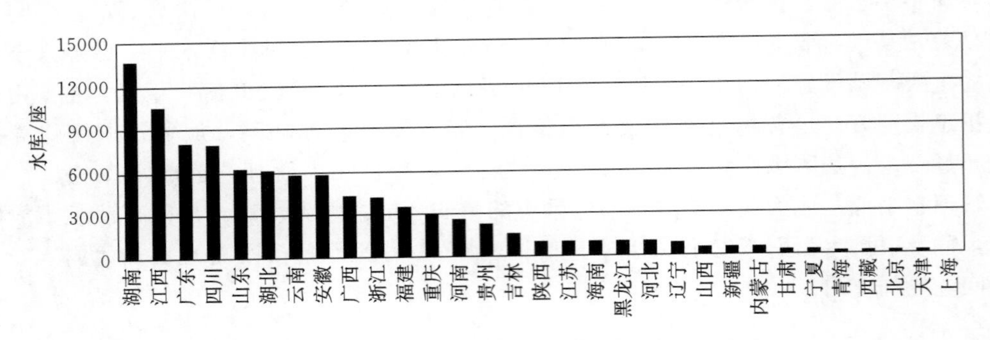

图 2-1　我国小型水库行政区域具体分布情况

3. 坝高特征

我国小型水库大坝绝大部分坝高低于 15m，达不到国际上“大坝”的一般标准。因此小型水库的大坝，实际上大多属“小坝”。以江苏省小型水库为例，全省小型水库平均坝高 9m，其中小（1）型水库平均坝高 11m，小（2）型水库平均坝高 8m。另外，不同地貌地区，坝高有明显区别。山区坝高较高，浅丘地区坝高较低。例如，江苏句容地区属于山区，8 座小型水库平均坝高 12m；仪征市属浅丘地区，46 座小型水库平均坝高只有 7m。

2.1.2　小型水库的水文特征

1. 小型水库集水流域特征

小型水库集水流域面积一般都很小。例如，江苏省赣榆县 11 座小（1）型水库中最大集水面积为 6.0km^2，平均集水面积为 3.88km^2，59 座小（2）型水库中最大集水面积为 4.1km^2，平均集水面积 1.27km^2。

关于小流域和特小流域的划分，目前尚无定论，一般以 30km^2 或 50km^2 为界限。不管是以 30km^2 为限，还是以 50km^2 为限，小型水库集水流域绝大部分属于特小流域。

2. 小型水库集水流域产汇流特征

作为特小流域的小型水库集水区与一般的小流域有明显的区别。一般的小流域都有一条明显的干流，流域汇流以河道汇流为主，特小流域则主要表现为坡面汇流；有些小型水库甚至没有明显的干流，完全为坡面汇流。又因为小型水库集水流域形状系数一般较大，因此也有一些小型水库集水流域具有多条干流。如仪征市小云水库和小王庄水库都没有明显的干流，小刘云水库则有 2 条大小相近的干流，长度分别为 3.6km 和 3.7km，任汉桥水库和耿庄水库各有 3 条干流。

小型水库集水区域的另一个特点是对某一水库来说下垫面条件比较单一，但是各水库间下垫面条件差异较大。如扬州市小型水库集水流域内秋收作物主要为水稻，连云港市小型水库集水流域内秋收作物主要为花生、红薯和果树等。即使在同一地区，小型水库下垫面条件也可能有较大差别，如连云港市郊区小型水库集水流域为山区地形，植被主要为林地，连云港市赣榆县则主要属丘陵地形，集水流域有的为坡地，有的为梯田，种植作物有的以花生、红薯等旱作物为主，有的则以种植苹果、山楂等果树为主。以上这些特点决定

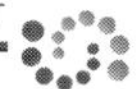

了小型水库集水流域的产汇流规律不同于一般的中小流域。

由于小型水库集水流域坡面汇流占主导地位，因此汇流时间相对较长。又因为下垫面条件比较单一，因此其汇流时间又明显取决于下垫面条件。有关研究表明，影响特小流域汇流参数的因素首推下垫面条件，其次才是流域的面积、干流长和干流比降等特征参数。

2.1.3 小型水库的功能特征

1. 兴利功能特征

小型水库兴利功能比较单一，其中多数以灌溉为主要兴利功能。在兴利调节方式上，大中型水库多为多年调节，而小型水库大多数是年调节。小型水库的抗旱天数一般只达50～70天，抵御干旱能力远低于大中型水库。另外，不同小型水库在灌溉功能上的差异很大，例如在江苏省的小（1）型水库中，仪征市塔山水库灌溉面积最大，达2666.7hm^2（有江水补给条件），连云港市的当路水库和泗洪县的江墩水库灌溉面积最小，均为13.3hm^2；在小（2）型水库中，句容县的南塘水库灌溉面积最大，达780hm^2，铜山县的大孤山水库和盱眙县的小蔡港水库灌溉面积最小，均只有3.3hm^2。另外，溧阳的焦石水库和连云港市的唐王坝水库无灌溉面积，已丧失灌溉功能。

2. 防洪功能特征

一般修建小型水库的目的只是兴利，而不是防洪，因此小型水库一般不具有防洪效益。相反，由于兴建了水库，给下游的村落或城镇带来了洪灾风险。随着我国社会经济的发展，许多小型水库下游风险区人口、经济等都较当年建库时有较大幅度的增长，一旦溃坝，会造成重大损失。

小型水库的溢洪道一般不设闸门控制，难以人为调控，因此大坝的安全主要依赖于大坝及溢洪道本身抵御洪水的能力。再加上小型水库的防洪标准本来就低于大中型水库，因此，小型水库发生溃坝的概率远大于大中型水库。

2.2 小型水库运行管理中存在的风险分析

2.2.1 风险因素分析

由于诸多原因，我国的小型水库在运行和管理中存在着诸多隐患，直接威胁到小型水库的安全，给水库的运行管理带来很大的风险，具体表现在以下方面：

（1）先天不足，为日后管理留下隐患。我国90%以上的小型水库为20世纪50—70年代建设，由于当时我国经济基础薄弱，投入不足，小型水库大坝多为土石坝。建设程序很不规范，没有做过科学的规划和设计，多为边勘察、边设计、边施工的三边工程，很多小型水库甚至都未做过详细的地勘和设计。施工技术水平不高，施工设备也很简陋，没有专业的施工队伍，很多都是由生产队组织社员采用会战的方式施工。由于投资不足，还会频繁的出现停建、缓建。技术标准也极不完善，施工时缺乏质量监督，有的小型水库大坝甚至未进行清基，坝体碾压不实，有的没有观测监控设施，这些都为水库的管理留下了安全隐患。

(2) 防洪标准不足，设计标准低，容易发生超标准洪水。大型水库的设计防洪标准为500～1000 年一遇，中型水库的设计防洪标准为 50～100 年一遇，而小型水库的设计标准只有 30～50 年一遇，甚至更低。相比较而言，小型水库更容易出现达到或超过设计标准的洪水，发生险情的概率远远大于大、中型水库。同时，由于各小型水库建设年代不同，在防洪标准设置上缺乏严格的统一标准，一些小型水库建设设计不规范、不科学，投入资金不足，导致水库中的溢洪道不规范，溢流宽度过窄，影响了水库的泄洪能力，降低了水库在发生洪水时的抵御能力，威胁水库建设安全。

(3) 年久失修，带病运行。因小型水库运行管理费用主要靠灌溉水费收入，由于水价过低，而且还有截留、挪用等现象，使水库管理单位入不敷出，无足够资金对水库进行维修和养护。水库经过 50 多年的运行，由于长期得不到正常的维修和养护，检测、观测设施严重老化，大部分已失去原有的功能，即使能正常使用，精度也很难保证，很难及时发现水库的病患，造成水库的小病变大病。由于投入不足，病、险得不到及时处理，水库只能长期带病、带险运行。

(4) 管理上存在缺陷。目前，我国只有小部分小型水库属国家所有，大部分小型水库为农村集体所有。国有的小型水库管理单位，一般属于自收自支或差额事业单位，无稳定的经费来源。由于收入过低，部分人员脱离了原管理岗位，从事其他工作，致使管理人员缺失，无法及时发现水库险情。归农村集体管理的水库，多无管理单位，基本以承包或租赁代管理，甚至有的小型水库没有管理人员。这些管理上的缺陷，人为的增大了小型水库出现险情的几率。

2.2.2　小型水库溃坝事故统计分析

据统计，1990—2013 年期间我国共有 306 座小型水库发生溃坝事故，造成较大的人员伤亡和经济损失，后果严重。

(1) 溃坝数量最多的为云南省 61 座，其次为吉林、广东、湖南、广西、新疆等省(自治区)，均在 20 座以上。从时间分布看，主要集中于 20 世纪 90 年代，10 年间共溃坝 246 座，最多年份为 1994 年，溃坝 54 座。进入 2000 年以后，溃坝数量明显减少，统计为 60 座。

(2) 24 年中溃坝数量约占小型水库数量的 0.37%，平均年溃坝率为 1.54×10^{-4}。溃坝数量与本省小型水库总数比值最高的省份依次为宁夏、新疆、内蒙古、黑龙江、吉林、海南、青海、云南，均在 1%以上，平均年溃坝率在 4.17×10^{-4}以上。

(3) 溃坝坝型主要为土石坝，为坝型明确案例的 75.2%；坝型信息欠缺的约占 19.3%，根据破坏信息判断大多也为土石坝；其他坝型主要为堆石坝、拱坝、砌石坝、条石坝等，仅占溃坝总数的 5.6%。

(4) 溃坝破坏的主要原因为漫顶的 179 例，占溃坝总数的 58.5%；质量问题的 100 例，占溃坝总数的 32.7%，其中与渗漏有关的溃坝案例 59 例，占溃坝总的 19.3%；管理不当的 7 例，占溃坝总数的 2.3%；其他原因 20 例，占溃坝总数的 6.5%。结果表明，溃

坝对象、溃坝破坏原因比例与历史统计结果相近。漫顶溃坝案例表明，小型水库防洪标准存在不足。

（5）根据对最大坝高、集水面积、库容等信息完整的165例溃坝水库统计分析表明，溃坝案例主要集中在库容100万m^3以下、集水面积50km^2、坝高30m以下的小（2）型水库，为138例，占165座水库的83.6%。说明小（2）型水库安全状况差，应为重点管理对象。

2000年后小型水库溃坝数量的显著下降，反映了强化水库防汛负责制与安全管理责任制的作用。但仍有部分小型水库溃坝的现实也反映出存在一定问题，主要体现在管理不到位，工程质量差，或防洪标准不能满足要求，技术认识不到位。

2.3 小型水库安全监测

基于以上原因，我国小型水库在安全运行方面存在重大风险，部分小型水库在汛期面临溃坝风险。而小型水库多建于山丘区，且大部分位于铁路、公路干线，重要城镇或工矿企业上游，稍有不慎就可能会酿成大的问题，带来不可估量的损失。为了降低和避免溃坝风险，除了通过国家拨付专项资金采用工程技术手段进行除险加固提高工程抗风险能力外，加强对工程安全及相关的水文、气象数据监测也有助于实时全面掌握小型水库工程建筑自身状态，并根据水雨情数据和水库本身监测数据，提前做出风险预警，及时采取必要的措施抢险加固消除安全隐患，转移风险影响区域人员和物质，最大限度降低人员和经济损失。因此非常有必要对全国小型水库进行全面安全监测。

2.3.1 安全监测建设现状

为全面了解全国水库大坝安全监测设施建设与运行状况，摸清当前水库大坝安全监测工作面临的困难和问题，水利部于2016年组织开展了全国水库大坝安全监测设施建设与运行现状调查。调查内容包括水库大坝安全监测项目及布设、监测自动化运行状况、监测资料整编分析、监测设施建设与运行维护、存在问题及建议等。调查过程中，小型水库共收集2230个县的90180座水库统计信息，其中小（1）型水库16253座，小（2）型水库73927座。调查结果显示，小型水库监测项目包括水位监测、表面变形监测和渗漏量监测。小型水库有水位观测的占49.60%，有渗流量监测的占6.50%，有渗压监测的占3.09%，有变形监测的占9.03%。39.60%的县将小型水库安全监测设施建设经费纳入土建工程概算（含加固），32.20%的县由财政补助。16.14%的县小型水库安全监测设施建设采用直接委托，38.39%的县采用招标委托，36.59%的县采用与土建工程（除险加固）打捆委托。46.19%的县级水利部门配备小型水库专职安全监控管理人员。

在安全监测监管与制度建设方面，仍有部分水库主管部门及小型水库管理单位对水库大坝安全监测的重要性认识不够，缺乏监管机制及手段，导致所辖水库大坝安全监测工作成效进展不大，安全监测设施完好率低。部分小型水库管理单位缺乏制度建设和机制建设，制度的执行、落实不到位，缺乏专人管理等问题。在安全监测设施建设方面，小型水库大坝大多缺乏安全监测，少数水库设有水位、表面变形和渗漏量监测设施。为弥补小型水库安全监测设施缺乏、水库管理条件有限的缺项，部分水库主管部门建立区域小型水库监管平台，加强小型水库安全监管。四川、广西、湖南、湖北等省（自治区）建立了“小型水库动态监管预警系统”，逐步在小型水库安装预警系统，包括水位、雨量和视频，通过GPRS方式发送到监测终端和管理人员手机，相关人员可通过手机及时了解水库运行状况。在安全监测设施运行维护方面，部分工程由于监测设施投资及维护经费不足，造成水库安全监测工作滞后；系统设备老化陈旧，无法正常工作；一些水库技术人员专业知识匮乏，缺乏有针对性的监测技术培训，专业技术能力不足，维护不及时，安全监测系统整编分析能力不足。

2.3.2　安全监测技术现状

小型水库安全监测的方法与仪器设备与大中型水库类似，主要有巡视检查和仪器监测两种。巡视检查主要通过人工巡检，发现水工建筑物的沉降、开裂、渗漏等异常现象；仪器监测主要利用已埋设在水工建筑物中的仪器设备或安装的固定测点监测效应量及环境量。监测的物理量主要有变形、渗流、应力应变和温度等类型，监测的环境量主要有大坝上下游水位、降水量、气温、水温、风速、坝前淤积和坝后冲刷等。安全监测项目按上述监测工作内容划分为变形监测、渗流监测、环境量监测和巡视检查等4类，相关水工建筑物安全监测项目的选择随建筑物的不同而有所不同。

2.3.2.1　变形监测

变形监测是水库安全监测中的重要项目之一，是通过人工或仪器手段观测建筑物整体或局部的变形量。小型水库变形监测包括水平位移、垂直位移等外部变形监测，相应的监测方法和监测仪器有以下两方面。

（1）水平位移监测。水平位移的监测通常有大地测量法、基准线法和卫星定位系统测量法。其中，大地测量法一般有交会法、极坐标法和导线法等；根据基准线的不同，基准线法一般分为垂线法、引张线法、视准线法、激光准直法等；卫星定位测量法一般有常规卫星定位测量和一机多天线测量法等。水平位移监测仪器设备有经纬仪、全站仪、视准仪、引张线仪、激光准直仪、垂线坐标仪等。

（2）垂直位移监测。垂直位移的监测通常有几何水准测量法、流体静力水准测量法、双金属标法、三角高程测量法、激光准直法、卫星定位测量法等。垂直位移监测仪器设备有静力水准仪、竖直传高仪、沉降仪等。

2.3.2.2　渗流监测

水工建筑物建成后，其挡水结构在上、下游水位作用下，结构和基础会出现渗流现象。如水库建成蓄水后，坝体和坝基会有渗漏，渗流对坝体和坝基稳定有重要影响，地表水、地下水是影响边坡和地下洞室稳定的重要因素之一，水对岩土有软化、泥化作用，产生静水压力和动水压力等，对其稳定性的影响十分明显。小型水库渗流监测主要包括渗流压力监测、渗漏量监测、水质监测等。

（1）渗流压力监测。渗流压力监测仪器应根据不同的监测目的、土体透水性、渗流场特征以及埋设条件等，选用测压管或渗压计。一般作用水头小于20m的情

况，渗透系数$k \geqslant 10^{-4}$cm/s的土中、渗流压力变幅小的部位、监视防渗体等，宜采用测压管；作用水头大于20m的坝，渗透系数$k < 10^{-4}$cm/s的土中、监测不稳定渗流过程以及不适宜埋设测压管的部位（如铺盖或斜墙底部接触面等），宜采用渗压计。

（2）渗漏量监测。渗漏量监测对于判断渗流是否稳定，掌握防渗和排水设施工作是否正常，具有很重要的意义。渗漏量根据不同工程情况可采用不同的方法：当流量小于1L/s时采用容积法；当流量在1～300L/s之间时采用量水堰法；当流量大于300L/s或受落差限制不能设量水堰时，应将渗流水引入排水沟中，采用流速仪法或流量计法。数据采集方式包括人工观测记录、监测管内流量的电磁式、超声波式流量计和监测量水堰堰上水头的各类微压传感器、浮子式水位计，水位测针、超声波水位计等监测量水堰水位（小量程、高精度）的仪器等多种方式。

（3）水质监测。渗漏水水质监测内容主要包括物理指标和化学指标两部分，一般先进行物理分析，主要分析物理指标。若发现有析出物或有侵蚀性的水流出等问题时，则应进行化学分析。其中物理指标有渗漏水的温度、气味、pH值、电导率、浑浊度、色度、悬浮物、矿化度等；化学指标有总磷、总氮、硝酸盐、高锰酸盐、溶解氧、生化需氧量、有机金属化合物等。渗漏水的水质监测的设备主要有水温计、pH计、电导率计、透明度计等，此外可利用自动水质监测仪进行水质观测。

2.3.2.3 环境量监测

环境量监测的目的是掌握环境量的变化对建筑物监测效应量的影响。其主要监测内容包括大坝上下游水位、降水量、气温、水温、风速、坝前淤积和坝后冲刷等。环境量监测应遵循《水位观测标准》（GB/T 50138—2010）、《降水量观测规范》（SL 21—2015）、《水文普通测量规范》（SL 58—1993）等水文、气象标准的要求。环境量监测的主要设备有水尺、水位计、标准气象站、压力传感器、温度计、地温计、测波标杆（尺）、测深仪、全站仪、水下摄像机等。

2.3.2.4 巡视检查

巡视检查与仪器监测分别为定性和定量了解建筑物安全状态的两种手段，互为补充，其作用在于宏观掌握建筑物的状态，弥补监测仪器覆盖面的不足，及时发现险情，为监测资料的分析和评价提供客观的依据。

巡视检查通常用目视、耳听、鼻嗅、手摸、脚踩等直接方法，可辅以锤、钎、量尺、放大镜、望远镜、照相机、摄像机等工器具进行。如有必要，可采用坑（槽）探挖、钻孔取样或孔内电视、水下检查或水下电视摄像、超声波探测及锈蚀检测、材质化验或强度检测等特殊方式进行检查，重要部位通过设置监控探头进行巡查。

2.3.2.5 安全监测自动化

1. 监测仪器

大坝上多采用正、倒垂线为基准来自动监测大坝的竖向和水平位移，包括混凝土大坝的挠度。观测仪器多采用垂线坐标仪、引张线仪、静力水准仪等。近年来，这些传统的观测仪器得到了很大的发展，在大量程、高精度和高可靠性上取得了长足的进步。引张线仪由单向实现了向双向的发展和应用。遥测垂线坐标仪和引张线仪已经从接触式发展到非接触式，非接触式仪器包括步进式和 CCD 式。

近年来遥测静力水准仪得到了较快的发展，国内已有多种原理的静力水准仪。静力水准仪是应用连通管原理测量测点间的相对位移。一侧沉降将引起浮子升降，通过各种量测技术来测量浮子的升降，从而观测点间的相对位移。目前主要有差动变压器式、电感式和 CCD 式等静力水准仪。

光纤传感器是新近发展起来的体积小、精度高、不受电磁干扰、抗腐蚀性环境的传感器，可用于测量温度、位移、应变、压力等物理量。该新型仪器最大的优点是不受电磁干扰，光纤传感器的使用为彻底解决防雷抗干扰问题创造了极为有利的条件。目前光纤传感器在国内水利工程上的应用尚处于起步阶段，但由于有其他传感器无法比拟的优越性，具有广泛的应用潜力。

差动电阻式传感器近年来解决了长导线电阻、导线电阻变差对测值的影响，并实现自动化遥测，得到了很大发展。目前差阻式仪器由 4 线制改为 5 线制测量方式，仪器电阻、电阻比测量精度、遥测距离、抗干扰能力均优于国外厂家，处于国际先进水平。更为重要的是，差阻式仪器已经完成了大量程、高弹模量和耐高压产品的研制并能批量生产。

国内研发钢弦式仪器已有 40 多年的历史，随着大坝安全监测自动化的发展，钢弦式传感器近年来也得到了一些发展。至 2001 年，钢弦式仪器精度、性能、外观都有较大的改观。同时，大多传感器已增加测温功能，对其进行温度补偿修正，率定精度也有所提高。在单支仪器性能方面与国外同类产品相比，仍有一定的差距，但是在振弦式仪器测量方面，国内技术比较高，测量电路能够实现对国产和进口两种不同激振电压的兼容。

传感器的智能化程度不断提高。目前国内已有多家传感器厂家（包括振弦式和压阻式）将率定曲线、传感器出厂编号等直接固化在传感器内部的 IC 中，这样既提高了测量精度，又可以方便在电缆截断或电缆编号丢失的情况下，对仪器编号的确认和恢复。另外，这种仪器还提供 RS485 或 RS232 接口，简化了系统结构。

在外部变形监测仪器方面，如水准仪、电子经纬仪和全站仪等，国内也开始批量生产并占有一定的市场份额，但在稳定性和环境适应性方面还需要提高。采用电子经纬仪和水准仪可使传统的外部变形监测实现自动化，电子水准仪＋全站仪实现水工建筑物安全监测自动化已经在多个工程获得应用。

GNSS 具有土建工程量小、可以测量三维变形等优点，比较适合高土石坝的外部变形监测。GNSS 技术已经在清江隔河岩大坝安全监测自动监测系统中得到成功应用。另外，合成孔径雷达干涉测量技术已经开始应用于地震形变、地表沉降和滑坡监测，如果能进一步提高精度，实现地表连续变形测量，这对于大坝，尤其是高土石坝，将具有明显优势。双向引张线自动测量技术能够通过一条引张线同时测量水平和垂直位移，相当于同时安装了原引张线和静力水准系统，且针对老引张线改造不需要增加任何土建工作，施工方便，特别适合我国广大已安装引张线项目的更新改造。

在环境量监测仪器方面，水位、雨量等常规测量仪器近年来随着水文、气象等部门的大量需求得到了快速发展，国产仪器设备的市场占有率非常高，其精度、设备种类、稳定

性都相对优于其他监测项目的监测仪器设备。

随着合成孔径雷达干涉测量（InSAR）和差分干涉测量（D－InSAR）技术发展，其在地表沉陷监测中应用已经全面展开，如D－InSAR技术已经在煤矿开采沉陷变形监测中得到应用并用于矿区DEM数据更新。由于该技术的大尺度和面监测特点，在大坝及边坡的表面变形监测中将具有十分明显的优势。

2. 自动采集设备

自动采集设备包括测量控制单元（MCU）、水雨情遥测终端等。随着大坝安全监测技术的不断进步，自动采集设备也得到了跨越式发展。不仅可以实现传感器的在线式单点测量、巡测，还可实现定时、变幅测量上报。同时还具有存储历史测量数据、校时、可配置及支持多种通信方式等功能，能够满足各种环境条件下的自动采集测量需求。

2.3.3 存在的问题

通过调查发现，我国小型水库工程在安全监测方面存在以下问题：

（1）监测项目不完善。监测项目不完善是小型水库大坝安全监测的通病，除了49.60％的小型水库设有水位监测外，设置其他监测项目如渗流量监测、渗压监测、变形监测的小型水库均低于10％，甚至相当比例的小型水库无任何监测项目，几乎没有水库建立完善的大坝安全与水雨情综合监测系统，以致根本无法依据监测数据对运行期的大坝安全性做出合理的评价，汛期无法对洪水灾害及时预报和大坝安全风险及时预警。

（2）监测设施损毁严重，维护管理不到位。小型水库管理水平普遍偏低，存在管理人员不足、维修资金得不到落实、规章制度不完善且执行差等通病，甚至一些小型水库由个人承包经营带来极大的安全隐患。混凝土坝建坝时大多设置有安全监测设备，但由于管理不到位，一些监测项目损毁后就不再修复，致使可监测的项目越来越少。如某小（1）型水库，建于20世纪80年代，大坝为混凝土拱坝，坝高70m，建坝时设置了位移监测设施，但由于测量基点损毁，致使位移监测工作中断，后再未进行位移监测。

（3）监测仪器精度和长期稳定性差。安全监测仪器的精度和长期稳定性尚不能令人满意，在对水库进行安全评价时发现，一些埋设在混凝土大坝内的安全监测仪器，如温度计、混凝土应变计、钢筋计不能正常工作，且安装后无法更换，安全监测仪器没有发挥应有的作用。

另外，我国国家标准对检测仪器的允许使用时间规定过短，仅6～8年，由于埋设在大坝混凝土内的监测仪器损坏后具有不可更换性，若在大坝刚刚建完后的几年内检测仪器便大量失效，安全监测也就失去了意义。

（4）相关法规制度不健全。除《水库大坝安全管理条例》明确要求水库管理单位应开展大坝工程观测和资料整编分析外，行业无相关的专门规章或规范性文件明确安全监测实施单位、监测仪器供应单位以及相关执业人员的责任和义务，导致安全监测工作游离于政府监管之外。同时，现有大坝安全监测技术规范主要适用于大中型水库的土石坝和混凝土坝工程，小型水库工程安全监测技术规范还缺乏约束指导。

（5）管理人员少，专业水平偏低。乡（镇）、村管理的小型水库，小（1）型水库一般安排1～2名管理人员，小（2）型水库一般只安排1名管理员。管理人员数量偏少，文化水平偏低，基本没有专业知识，无法胜任规范的大坝监测工作。县级管理的小型水库，管理力量相对较强，但专业技术人员也少，专业水平偏低，不懂监测仪器的使用方法，对资料整编、分析有一定难度，部分水库大坝除险加固时设置的位移、沉陷、测压井、量水堰等监测设施形同虚设。

（6）监测数据共享不足。不同的小型水库管理单位通常仅对所管理小型水库站开展独立监测，相邻/同流域小型水库之间缺乏有效的监测数据/水文数据共享与联动，监测数据未得到充分应用。

（7）监测手段传统单一，自动化程度低，新技术推广应用迟缓。已设有安全监测项目的小型水库多采用人工监测方式，同时限于管理责任划分问题，小型水库管理单位仅关心责任范围内的小型水库监测任务，均采用以传统的布点和测站方式进行大坝变形、渗漏、流量及水文雨情监测，对于区域性监测InSar大坝变形监测、天气雷达监测、物联网、天地一体化监测、移动监测等现代监测技术在小型水库安全监测中尚未得到有效应用。

2.3.4　原因分析

上述问题产生的原因主要有以下几方面。

（1）历史原因。20世纪50年代初期，当时修建的工程观测设备相对齐全，基本上都开展了原型观测。改革开放前上马的工程，受资金不足、设计变更和施工停滞等因素影响，多数观测设施安装不完备。

（2）监测技术及设备的限制。大坝安全监测设计、监理、施工及运行管理等行业技术力量不足；运行期监测设备自动化程度低，大部分小型水库仍采用人工观测方法，视觉误差大，精度低，使数据失真；观测过程受自然条件制约大，降低了安全监测的及时性，因难以捕捉突发事件的先兆而耽误开展补救措施。

（3）运行人员素质偏低。水库工程大部分地处偏远山区，工作条件和生活条件较为艰苦，管理单位难以引进技术人才，经长期培养、锻炼成长起来的业务骨干也纷纷外流，许多不具备专业知识的人员从事或负责大坝安全监测工作，致使水库管理单位存在专业人员匮乏、技术素质偏低、管理和责任意识不强等问题。

（4）缺乏资金投入安全监测系统的维修和养护。用于小型水库安全监测的后续资金欠缺，使得必要的人员技术培训、工作条件改善、易损部件更换、管线网络维护等工作无法有效地开展，安全监测系统未能发挥应用功能。

2.4　小型水库感知技术方案

本书主要针对小型水库地理位置偏远、基础条件差、管理薄弱等状况，为解决无人值守的小型水库汛期监测数据缺失问题，实现对气象、水情、主要建筑物和构筑物状态进行

监测监视并与上级监控中心进行互联，研究提出免市电、高清、低功耗、防盗、适用于边远地区的智能型综合监测技术方案，并分析其技术经济合理性。方案中，主要针对小（1）型、小（2）型水库库区、库区主要流域的特点，选择功能匹配、可靠性高、精度满足安全监测需求的设备，提出满足基本监测要求的系统配置方案，并根据各地区社会经济发展水平和技术发展趋势，给出了备选方案。

2.4.1 系统组成与组网方案

2.4.1.1 应用场景

考虑到我国小型水库众多，规模、功能和重要性差别较大，为了使技术方案更加符合主要小型水库实际情况，特地对小型水库智能监测方案应用场景做了以下分类，并根据不同应用场景，有针对性地给出具体配置方案。

1. 重点小（1）型水库（场景一）

土坝（心墙坝）或土石坝，库容 500 万～1000 万 m^3，坝高超过 20m，坝长超过 150m，泄洪建筑物和放水建筑物分开设置，具有发电、供水、防洪等综合功能，有可靠市电和通信设施，现场有固定运行值班人员及较为完善的运行管理建筑设施。

2. 一般小（1）型水库（场景二）

土坝（心墙坝）或土石坝，库容 100 万～500 万 m^3，坝高 15～20m，坝长 100～150m，泄洪建筑物和放水建筑物分开设置，具有防洪、发电和/或供水等功能，有可靠市电和通信设施，有专职运行管理人员及相应的基本建筑设施。

3. 重点小（2）型水库（场景三）

均质土坝，库容 50 万～100 万 m^3，坝高 10～15m，坝长 60～100m，有市电和公用无线网络信号，有兼职管理人员和运行管理用房。

4. 一般小（2）型水库（场景四）

均质土坝，库容小于 50 万 m^3，坝高小于 10m，坝长小于 60m，无市电或无可靠市电，有公用无线网络信号，现场无管理人员和运行管理用房。

2.4.1.2 感知要素

根据小型水库主要服务于农业灌溉、防洪、城镇供水等功能特点，其监测功能重点是水库安全相关要素监测，并兼顾运行相关的要素监测，如水量、水质等，具体如下：

1. 流域内水文监测

（1）降水监测（雨量）：水库来水流域内雨量站。

（2）水位监测：水库上游各河流关键河段。

（3）流量监测：水库上游各河流关键河段。

2. 库区内监测

（1）降水监测（雨量）：库区降水。

（2）水位监测：库上下游水位。

（3）流量监测：水库溢洪道泄水流量、灌溉或供水流量计量。

（4）水质监测：水库库区（灌溉或供水需求）。

（5）渗漏监测：渗压、渗流量。

（6）变形监测：表面沉降、位移。

（7）环境量监测：水温。

（8）气象监测：气温、湿度、风速。

（9）设备安全监测（监控室及闸门等）：视频。

2.4.1.3　系统组成

针对小型水库基础条件差、管理薄弱等状况，为解决无人值守的小型水库汛期监测数据缺失问题，实现对气象、水情、主要建筑物和构筑物状态进行监测监视并与上级监控中心进行互联，基于物联网化智能终端配套相关云平台技术提出低功耗、适用于边远地区的智能型综合监测技术方案，其拓扑结构如图 2-2 所示。

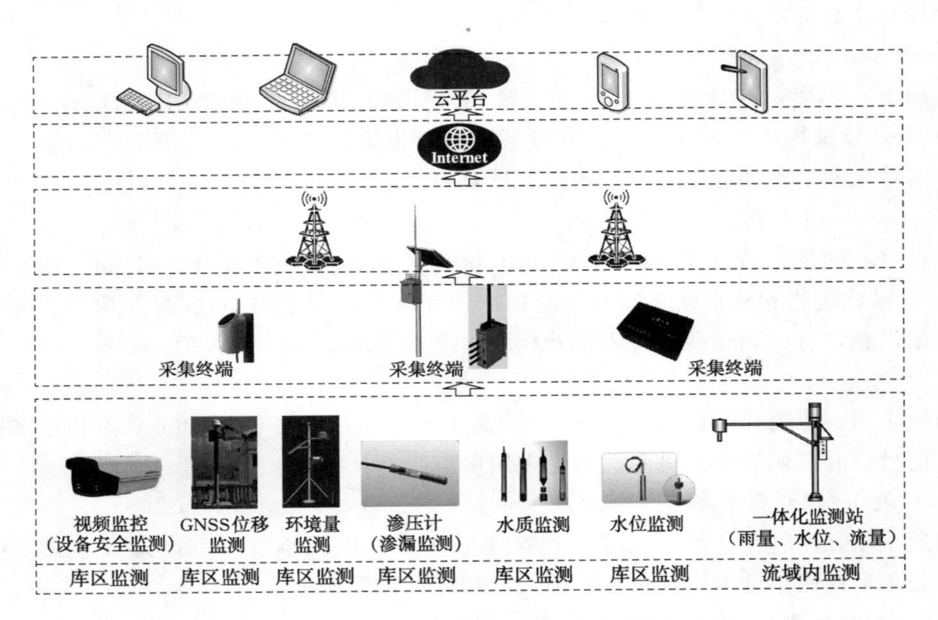

图 2-2　智能型小型水库综合监测技术方案拓扑图

水库流域的主要监测内容一般包括水位、降水量，采用立杆安装，立杆采用防腐材料制作，设备箱具有 IP67 防水等级，采用太阳能系统供电，按照连续 10 天阴雨进行配置，防盗主要采用警示标语与防盗围栏组成，由于流域监测设备距离水库大坝较远，维护相对困难，所以主要考虑设备的稳定性。

因水库大坝监测项目参数相比较多，但传感器总数较少，为了降低总的监测设备投资，本方案将各监测项目进行分类并按集中就近布置原则设计，降水量、水位、水质等参数采用一体化测站方式进行监测，一体化测站与视频设备可接入市电工作，气象、渗压、渗流、变形、视频等参数安装位置较为分散，布线工作量大，所以这些参数单独建站，采集设备选择自带太阳能供电设备的低功耗、体积小、安装维护方便、性能稳定产品，或是采用可本地组网实现无线通信降低仪器电缆敷设工作量并有利于降低运维工作量的物联网监测产品。由于小（1）型水库有固定运行人员值守，防盗措施主要采用警示标志，视频监控可接入入侵识别并对进行声光报警。

上述所有监测项目均采用平台运行化管理，以达到最大化简化各水库管理对运行管理人员的专业要求，并有效降低总投资。这一平台可利用社会化服务采购模式、运营托管模式，也可以以县市甚至省域自建运营平台实现县市甚至省一级的共享管理，典型应用拓扑如图 2-3 所示。

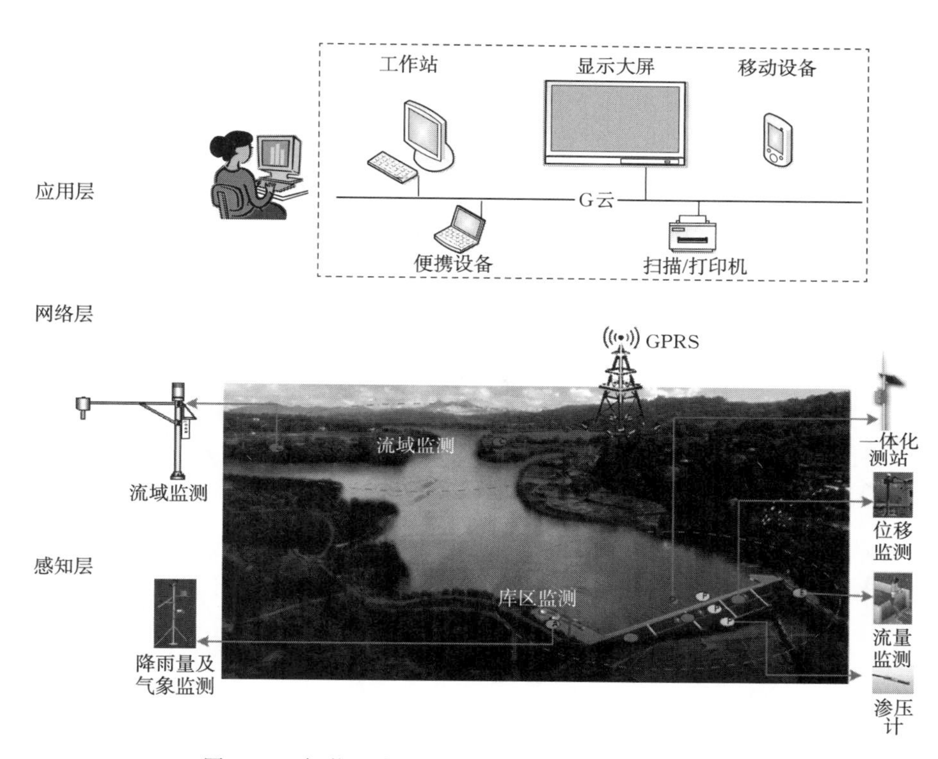

图 2-3 智能型小型水库综合监测平台拓扑结构图

2.4.2 监测要素与仪器配置

2.4.2.1 水库集水流域监测

选择翻斗式雨量计对流域内降水量进行监测，选择雷达水位计监测流域内河道水位，使用智能 RTU 同时对翻斗式雨量计、雷达水位计进行采集、存储、上传、控制等操作，适用于重点小（1）型、一般小（1）型、重点小（2）型、一般小（2）型库区流域监测。

由智能 RTU 与上述传感器组成的一体化监测站，采用太阳能板、蓄电池供电，参数根据当地日照时间与连续阴雨天数进行配置，设备防雷保护通过设备内置防雷模块与外设避雷针共同完成。水库流域监测一体化测站拓扑图如图 2-4 所示。水库流域监测一体化测站布置图如图 2-5 所示。

2.4.2.2 库区内监测

根据前述应用场景分类及现场通信及供电条件分别进行配置，各类型水库库区内监测项目配置推荐见表 2-2。

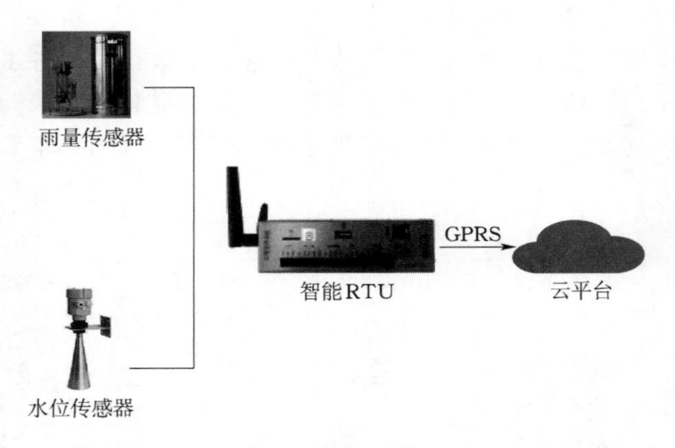

图 2-4　水库流域监测一体化测站拓扑图

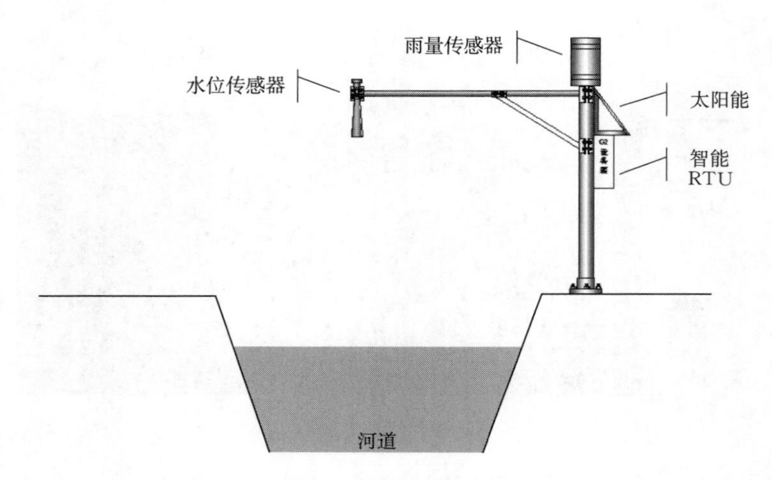

图 2-5　水库流域监测一体化测站布置图

表 2-2　　小型水库库区内监测项目及仪器配置

监测要素	仪器名称	单位	配置数量			
			场景一	场景二	场景三	场景四
一体化测站	雨量计	套	1	1	1	1
	水温		1	1	1	1
	水位计		1	1	1	1
	视频摄像		2	2	2	1
	智能 RTU		1	1	1	1
	立杆及支架		2	2	2	1
渗压监测	智能采集仪＋渗压计	套	6	6	6	4

续表

监测要素	仪器名称	单位	配置数量			
			场景一	场景二	场景三	场景四
渗流监测	量水堰	套	1	1	1	1
变形监测	GNSS	套	3	3	3	2
流量监测	管道流量计	套	1	1	1	1
气象	一体化气象站	套	1	0	0	0
水质监测	五参数水质监测	套	1	1	1	1

2.4.2.3 库区内监测仪器布置

库区水位监测采用通气型渗压计、降雨采用翻斗式雨量计、水温监测采用半导体热敏电阻温度计、水质监测选择浊度、悬浮固体、pH、ORP、溶解氧、电导率等主要指标进行监测，使用智能型 RTU 与水位、降水、水温、水质等传感器组成一体化监测站进行监测（图 2-6）。小（1）型水库与“重点小（1）型”有市电，可引入市电进行，一般小（2）型无市电采用太阳能供电。

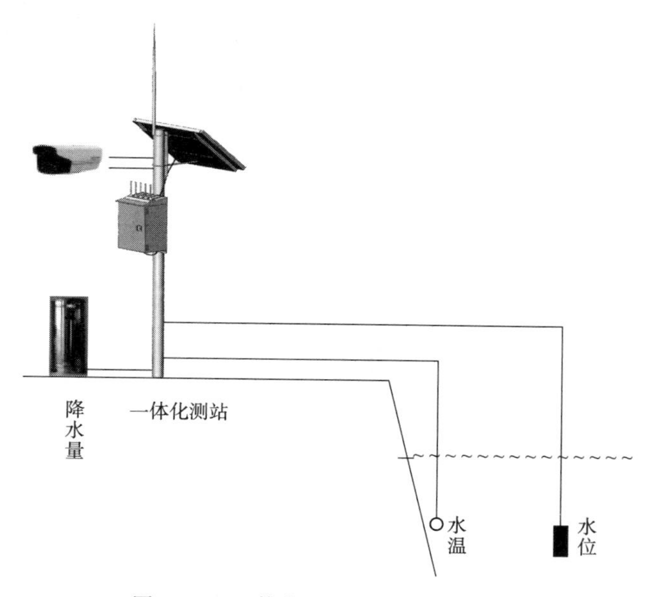

图 2-6　一体化测站仪器布置示意图

气象站主要监测大气温度、大气湿度、风速、风向、气压等参数量，使用低功耗采集仪对数据进行采集、存储、上传，设备自带太阳能供电系统（图 2-7）。

视频监测高清网络摄像头或 4G 网络摄像头对现场泄洪/放水闸门及其水面障碍物监测，通信采用无线 Wi-Fi 或 4G 网络进行通信，高清网络摄像头接入声光报警装置（图 2-8）。

坝体渗压监测主要使用渗压计进行完成，该设备操作简单，安装方便，稳定可靠，新建坝采用埋设安装，已建坝体通常采用打孔安装，渗压计通常安装两个监测断面，以校对坝体渗压情况，本方案采用振弦式渗压计对坝体进行监测，采集方式多样，可根据具体情况选择。渗压监测设备布置示意图如图 2-9 所示。

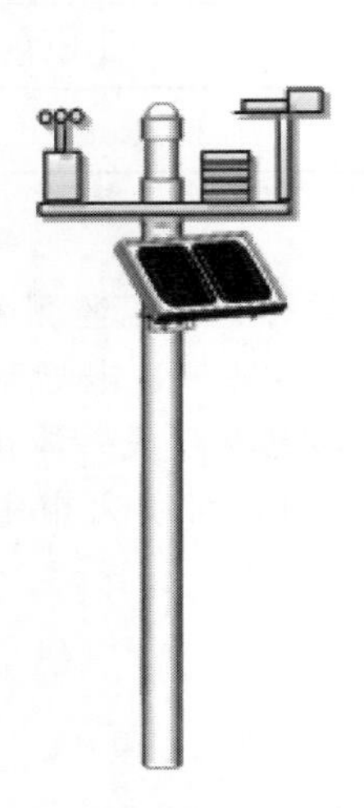

图 2-7　一体化气象站仪器布置示意图

图 2-8　视频监测设备布置参考图

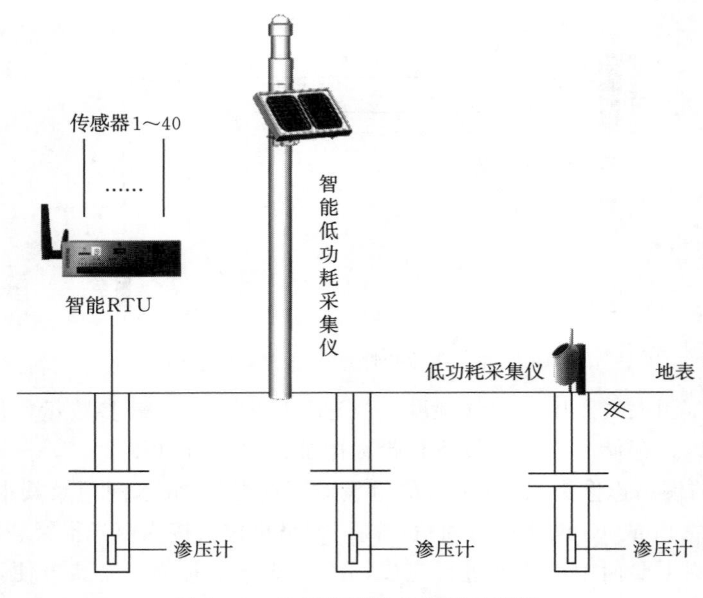

图 2-9　渗压监测设备布置示意图

位移监测使用GNSS监测系统完成，通过内置GPRS模块将数据上传至云平台，采用太阳能供电系统供电，内设防雷模块、外置避雷针。GNSS布置参考图如图2-10所示。

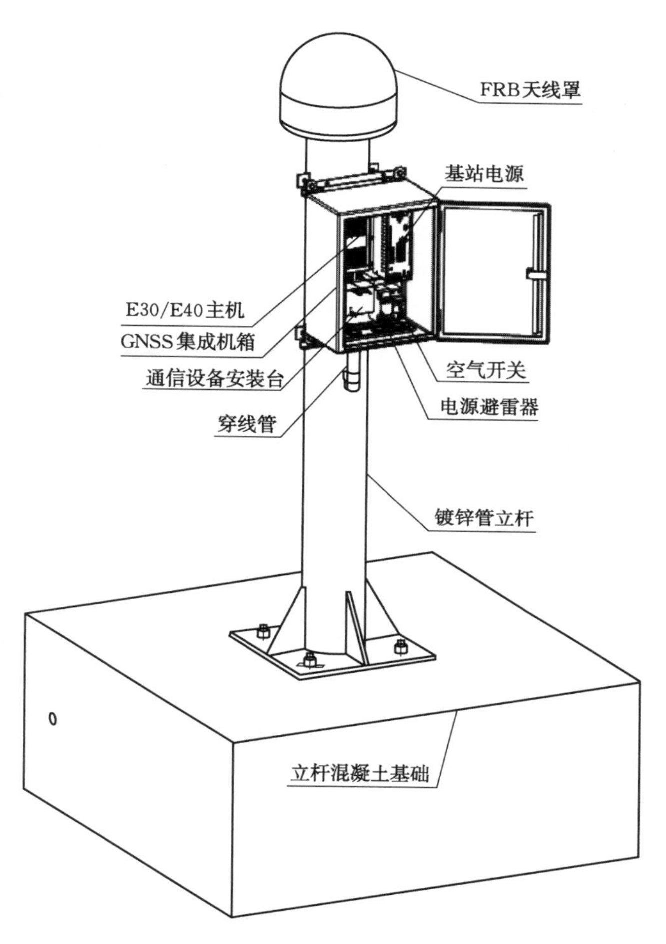

图2-10 GNSS布置参考图

流量监测主要监测供水及灌溉的管道流量，使用单点采集型智能RTU对数据进行采集、存储、上传，设备自带太阳能供电系统（图2-11）。

水库大坝下游渗漏量可以选用精密水位计（量水堰计）用于精确测量非常小的水位变化，可对河流、堰槽以及钻孔里很小的水位变化进行精确测量（图2-12）。

2.4.3 设备选型

2.4.3.1 降水监测（雨量）

翻斗式雨量计适用于水库控制流域内降水量监测及库区降水量监测，翻斗式雨量计观测内容包括记录降水的起止时间，日分界或若干次定时观测，记录降水物情况，如冰雹、雪等。负责填制降水量记录表和月报表，定期向上级单位报告。负责报汛的雨量站，遇有降水除定时报告日降水量外，根据降水强度随时报告雨情和灾情。雨量站的配置密度最好每 50～100km^{2}有一座。翻斗式雨量计技术参数见表 2-3。

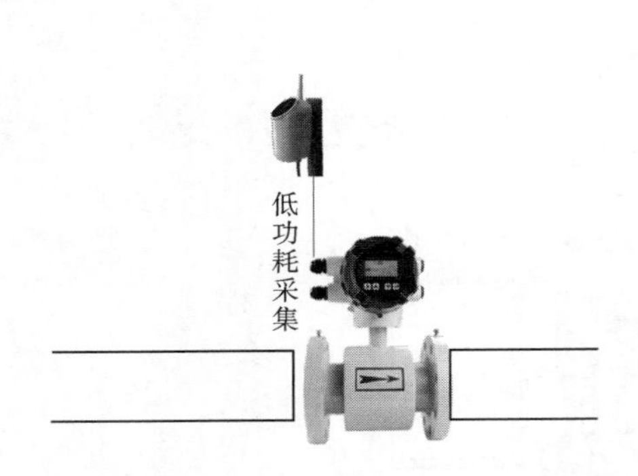

图 2-11　流量监测仪器配置参考图

图 2-12　渗流量监测仪器布置参考图

表 2-3　翻斗式雨量计技术参数

承雨口径	200mm
分辨力	0.2mm
雨强范围	0.01～4mm/min（允许通过最大雨强 8mm/min）
工作环境	环境温度：－10～50℃、相对湿度：<95%（40℃）

2.4.3.2　河道水位监测

脉冲雷达水位计适用于水库上游各河流关键河段、河道、水库、明渠等水位监测。雷达水位计天线发射极窄的微波脉冲，这个脉冲以光速在空间传播，遇到被测介质表面，其部分能量被反射回来，被同一天线接收。发射脉冲与接收脉冲的时间间隔与天线到被测介质表面的距离成正比。脉冲雷达水位计采用一种特殊的相关解调技术，可以准确识别发射脉冲与接收脉冲的时间间隔，从而进一步计算出天线到被测介质表面的距离。脉冲雷达水位计技术参数见表 2-4。

表 2-4　脉冲雷达水位计技术参数

最大量程	30/70m
测量精度	±3mm
频率范围	26GHz
信号输出	RS485/ModBus 协议
电源	6～26V（DC）
防护等级	IP67

2.4.3.3　库区水位及渗压监测

适用于库区坝体渗压、渗流量监测，选用振弦式渗压计用于库区渗压监测传感

器，使用振弦式通气型渗压计用于库区水位监测，振弦式渗压计埋设在水工建筑物、基岩内或安装在测压管、钻孔、堤坝、管道和压力容器里，测量孔隙水压力或液体液位。其主要部件均用特殊钢材制造，适合各种恶劣环境使用，特别是在完善电缆保护措施后，可直接埋设在对仪器要求较高的碾压混凝土中。标准的透水石是用带 50μm 小孔的烧结不锈钢制成，以利于空气从渗压计的空腔排出。渗压计技术参数见表 2－5。

表 2－5　　渗压计技术参数

型号	振　弦　式	振弦式通气型
标准量程	0.35MPa、0.7 MPa、1MPa、2MPa、3MPa、5MPa	0.35MPa、0.7MPa
非线性度	直线：≤0.5%FS；多项式：≤0.1%FS	
分辨力	0.025%FS	
过载能力	50%	
仪器长度	133mm	
外径	19.05mm	19.05mm

振弦式通气型渗压计用于库区水位监测，可直接固定库区坝体，线缆穿管防护，引到一体化测站，可与水质、水温同塔（杆）安装。

2.4.3.4 管道流量监测

适用于库下游水位泄水流量、灌溉输水管道的流量监测。电磁流量计是根据法拉第电磁感应定律进行流量测试的流量计。电磁流量计的优点是压损极小，可测流量范围大。最大流量与最小流量的比值一般为 20∶1 以上，适用的工业管径范围宽，最大可达 3m，输出信号和被测流量呈线性，精确度较高，可测量电导率不小于 5μs/cm 的酸、碱盐溶液、水、污水、腐蚀性液体以及泥浆、矿浆、纸浆等流体流量。广泛应用于石油化工、钢铁冶金、给水排水、水利灌溉、水处理、污水处理站（环保污水控制、化工污水、电镀污水）、造纸（纸浆）、泥浆、医药、食品等工农业的生产公司过程流量测量和控制。智能电磁流量计技术参数见表 2－6。

表 2－6　　智能电磁流量计技术参数

精度等级	±0.5
公称压强	40MPa（DN10～DN150）、1.6～0.6MPa（DN200～DN2000）
供电方式	220V（AC）±15%或 24V（DC），纹波小于 5%
量程比	20∶1、10∶1、15∶1
工作环境	传感器：25～180℃，转换器：－10～60℃
信号输出	4～20mA
通信方式	RS485（ModBus RTU 协议）HART 协议

2.4.3.5　渗流量监测

振弦式量水堰计适用于量水堰堰上水头及其他需要对细微水位变化进行精确测量的场合。主要部件均采用不锈钢制造，适合各种恶劣环境中使用。仪器带有一根通气电缆以克服大气压力对测值产生的影响。振弦式量水堰计技术参数见表2-7。

表2-7　　振弦式量水堰计技术参数

标准量程	150mm、300mm、600mm
传感器非线性度	±0.1%FS
传感器分辨力	0.025%FS
温度范围	0～65℃
稳定性	±0.05%FS/Y

2.4.3.6　水质监测

适用于水库库区灌溉或供水水质，传感器集成了浊度、悬浮固体、pH、ORP、溶解氧、电导率、温度、深度参数于一支传感器无显示界面数字化传感器，直接RS48数据组输出，符合Modbus RTU协议，可直接与智能RTU连接，在平台软件上可查看相关物理量；pH、ORP和溶解氧传感器配备了快速转换接头，方便更换；浊度探头配置了自动清洁装置，极大地减少了维护成本；全密封、不锈钢主体，符合P68防护等级；安装方便，直接浸没在水中，还可以实现移动式快速响应。五参数水质监测传感器技术参数见表2-8。

表2-8　　五参数水质监测传感器技术参数

<table>
<tr><th>参数</th><th>测量范围</th><th colspan="2">分辨率</th><th>精度</th></tr>
<tr><td rowspan="5">浊度</td><td rowspan="5">0.001～4000NTU</td><td>范围/NTU</td><td>分辨率/NTU</td><td rowspan="5">0～100NTU：读数值±5%
100～1000NTU：±2.5%FS
1000～4000NTU：±2.5%FS</td></tr>
<tr><td>0.001～10</td><td>0.001</td></tr>
<tr><td>10～100</td><td>0.01</td></tr>
<tr><td>100～1000</td><td>0.1</td></tr>
<tr><td>1000～4000</td><td>1</td></tr>
<tr><td rowspan="4">悬浮固体</td><td rowspan="4">0～50g/L</td><td>范围/(g/L)</td><td>分辨率/(g/L)</td><td rowspan="4">读数值±5%</td></tr>
<tr><td>0～1.0</td><td>0.0001</td></tr>
<tr><td>1.0～10.0</td><td>0.001</td></tr>
<tr><td>10.0～50.0</td><td>0.01</td></tr>
<tr><td>pH</td><td>2.00～12.00</td><td colspan="2">0.01</td><td>±0.1</td></tr>
<tr><td>OPR</td><td>−2000～2000mV</td><td colspan="2">1mV</td><td>±5mV</td></tr>
<tr><td>溶解氧</td><td>0～20mg/L（ppm）</td><td colspan="2">0.01mg/L（ppm）</td><td>±0.3mg/L（ppm）</td></tr>
</table>

续表

参数	测量范围	分辨率	精度
电导率	0～20000μS/cm 0～20mS/cm	0.1μS/cm	±1.5%FS
温度	0.0～99.9℃	0.1℃	±0.5℃
深度	0～40m	0.1m	±1%
通信接口	RS485，ModBus RTU 通信协议		
工作电源	9～28V（DC）		
工作环境	温度：0～50℃		

2.4.3.7 水温监测

适用于监测库区不同深度水温，选用半导体热敏电阻温度传感器，半导体热敏电阻温度计为埋入式设计，广泛应用于水工建筑物温度测量、混凝土施工温度控制及其他领域温度监测。仪器由不锈钢外壳、半导体热敏电阻和专用电缆组成，具有良好的防水性能、高灵敏度、高精度、高可靠性的特点。半导体热敏电阻温度传感器技术参数见表 2-9。

表 2-9　半导体热敏电阻温度传感器技术参数

量程	－30～70℃
精度	标准型±0.5℃、可选型±0.2℃
分辨力	0.1℃
稳定性	一年内稳定性变化不大于 0.1%
耐压	1500V

2.4.3.8 变形监测

对监测对象进行动态的变形测量，首先要求测量设备的数据采集速度、采样频率以及测量精度能够满足需要；其次还要考虑测量设备是否满足监测对象的应用环境，对于一些项目要求变形响应具有实时性，此外还要考虑可靠性、可用性、费用等指标。目前，可用于动态变形测量的仪器设备主要包括：自动全站仪、专用传感器、激光干涉仪、摄影测量系统、干涉雷达以及 GNSS 等，这些系统具有各自的特点。

1. 自动全站仪监测系统

该系统的优点包括：①系统造价低；②短距离内测量精度可以达到毫米甚至亚毫米量级；③可以得到监测点的三维坐标。其缺点包括：①测程较短，一般情况下全站仪设站点到棱镜的距离不超过 1000m，否则精度会降低；②全站仪到监测点的目标棱镜必须通视；③受气象条件影响，恶劣天气无法工作；④一台仪器每次只能对一个棱镜进行动态跟踪测量，当需要对多个目标同时动态跟踪时，需要增加仪器，使系统成本显著加大。

2. 传感器监测系统

该系统优点是造价低、自动化程度高，可以直接获得导致变形发生的物理原因等，其缺点包括：获取的变形量是一维的、局部的、相对的，测量范围小，且测量精度受环境因素影响大，需要在施工期间安装布置，后期改造布置施工难度和成本显著增加。

3. 摄影测量系统

摄影测量系统的优点包括：①可以同时测定变形体外表任意点的变形；②提供完全和瞬时的三维空间信息；③测量速度快；④可以实现无接触测量；⑤借助摄影底片，可以观测到变形体以前的工作状态；⑥近距离内，精度可达毫米级至亚毫米级。但是，该系统受气象条件、环境光照影响大，测量距离近，一般不超过几十米，否则测量精度严重下降。

4. 激光干涉仪

该方法的主要缺点包括：①当目标点位移量较大时，激光干涉仪很难跟踪目标；②测量距离较短；③只能获得视线方向的一维变形。

5. 干涉雷达技术

该技术的优点在于覆盖面积大、空间连续性好、高程方向变形量精度高，不需要建立地面控制网。但是，D-InSAR是以星载的方式通过重复轨道干涉测量模式获取变形信息，其时间连续性差，例如欧空局的ERS-1和ERS-2卫星，单颗星重复观测的时间间隔为35天，两颗星在串行模式下为1天。近年来出现了基于地面的干涉雷达技术，能够对小规模的地面变形体进行连续动态的测量，例如意大利IDS公司的微变形监测系统（IBIS），其IBIS-S型号的位移监测精度为±（0.01～0.1）mm，采样频率最高达到200Hz，测程为10～1000m，IBIS-L型号的测程为0.2～4km，位移监测精度为±0.1mm，采样时间为5min。但是，该系统价格较为昂贵，且只能获得视向的一维变形量，监测站到变形体之间需要通视，每台设备只能连续监测一个固定区域，若需要监测多个方向的变形，或者同时监测多个区域，则需要增加设备，加大系统成本。

6. GNSS变形监测系统

GNSS定位的优点表现在：①可全天候、全天时工作；②测站（接收机天线）之间无须通视；③测程大，可满足工程变形测量中固定参考点与监测目标点间数千米的距离要求；④直接提供三维坐标；⑤不同监测点之间同步测量；⑥采样率高，目前接收机的采样率可达20Hz甚至50Hz。近年来，GNSS接收机的价格不断下降，单频测量型GPS接收机甚至已降到千元量级，其在动态变形测量应用领域中必将得到进一步推广。

考虑到本方案的对象为已经投运且未设置安全及运行监测系统或现有监测系统不符合智慧水利感知要求的小型水库，这里选择GNSS变形监测系统用于大坝变形监测，适用于大坝表面沉降、位移监测。GNSS变形监测系统广泛应用在变形监测中，其GPS+BDS+GLONASS跟踪能力、跟踪卫星数量、解算软件等适用于变形监测，并在广泛的实际应用

中确定该设备的可用性及可靠性，使在高遮挡地区进行变形监测成为可能，特别是北斗卫星导航系统组网卫星的不断增多，可用性与可靠性不断加强；北斗卫星导航定位系统的特有功能，5颗地球同步卫星，可大大降低接收机跟踪卫星的PDOP，提高解算精度。GNSS技术参数见表2-10。

表2-10　　GNSS 技术参数

系统	GPS、BDS、GLONASS、SBAS
静态差分精度	水平：±（$2.5+1\times10^{-6}\times D$）mm；垂直：±（$5+1\times10^{-6}\times D$）mm
工作温度	−40～70℃
湿度	100%全密封，防冷凝，可漂浮
防水防尘	IP67
电源	DC 10.5～28V，带过流过压反向保护功能
通信协议	RS232串口、TCP/IP
存储	内置8G存储器

2.4.3.9 气象监测

自动气象站监测系统是一种集气象数据采集、存储、传输和管理于一体的无人值守的气象采集系统。适用于大坝安全监测的环境监测和其他专业领域都有广泛的用途。自动气象站监测系统由气象传感器、气象数据采集仪和计算机气象软件三部分组成。可同时监测（大气温度、大气湿度、雨量、风速、风向、气压等）诸多气象要素；风速风向传感等传感器为气象专用传感器，具有高精度高可靠性的特点。系统内置大容量FLASH存储芯片可存储一年以上的气象数据；多种通信接口（RS232/RS485/USB）可以很方便地与计算机建立有线通信连接，若选配GPRS无线通信模块还可实现气象设备与计算机监控中心的远程无线连接。自动气象站技术参数见表2-11。

表2-11　　自动气象站技术参数

名称	测量范围	分辨率	精　度
环境温度	−50～100℃	0.1℃	±0.5℃
相对湿度	0～100%RH	0.1%	±3% RH
风向	0°～360°（16方向）	1°	±5°
风速	0～70m/s	0.1m/s	±（0.3+0.03V）m/s
大气压力	10～1100hPa	0.1hPa	±0.3hPa
雨量	≤4mm/min	0.2mm	±0.4mm

2.4.3.10 视频监测

500万1/3″ CMOS CR日夜型半球网络摄像机适用于监控室、闸门、库区内等重要区域，高清网络摄像机进行监测。网络摄像机是一种结合传统摄像机与网络技术所产生的新一代摄像机，它可以将影像通过网络传至地球另一端，且远端的浏览者不需用任何专业软件，只要标准的网络浏览器（如 Microsoft IE 或 Netscape）即可监视其影像。网络摄像机一般由镜头、图像、声音传感器、A/D转换器、图像、声音、控制器网络服务器、外部报警、控制接口等部分组成。500 万 1/3″CMOS CR 日夜型半球网络摄像机技术参数见表2-12。

表2-12　500万1/3″CMOS CR日夜型半球网络摄像机技术参数

基本参数	调整角度	支持两轴调节：水平 0°～355°，垂直 0°～70°
	日夜转换模式	ICR 红外滤片式
网络功能	存储功能	支持 Micro SD/SDHC/SDXC 卡（128G）断网本地存储，NAS（NFS、SMB/CIFS 均支持）
	信道带宽	支持 20/40MHz
	传输距离	50m（无遮挡无干扰，因环境而异）
一般规范	工作温度和湿度	−30～60℃，湿度小于 95%（无凝结）
	安装方式	桌面安装、吸顶安装
	防护等级	IP67
	红外照射距离	—I：10～30m

2.4.4　水库库区监测系统方案

因小型水库安装设备相对较少，但监测项目类型要求全面、类型会比较多。根据这一特点，利用智能采集终端，可组合应用于不同场合，使系统配置更优化。在方案配置中，主要采用以下原则：

（1）雨量、水位、水温、视频等监测项目尽可能集中布置，采用一杆安装，使用智能 RTU 采集终端进行采集及传输。

（2）对有利于集中传感器线缆进行汇集的，选择使用智能 RTU 采集终端采集数据并将数据通过无线发送至云平台。

（3）对大坝分散测点较多，采用集中存在引线工程量大的，选择智能低功耗采集终端，采用 LORA 无线通信技术进行本地组网，通过网关设备向平台进行数据传输。

（4）对个别绕渗监测、流量监测、渗漏监测等相关测点安装位置分散，不易集中布线的，选择性能稳定、体积小、功耗低的采集终端系列产品。对其中的变形、气象、水质监测采用内置智能 RTU 采集终端的一体化监测站形式。

（5）所有数据传输通过公共通信网络将数据传输至 Internet 网络，通过云平台分析处理数据。

2.4.4.1　智能终端的选择

本方案涉及的智能终端设备见表 2-13。

表 2-13　　智能终端设备列表

智能 RTU 采集终端	内置处理器，可接入模拟量、振弦量、数字量、标准电压、标准电流等，最大可扩展至 40 个物理通道，适合在传感器集中采集，多参数，远程控制频繁环境
低功耗采集终端	具备独立太阳能供电能力、内置 GPRS 模块，单独通信，独体积小巧、安装方便，适应在各种恶劣环境下全天候工作，可补充智能采集终端/智能低功耗采集终端系列设备难以覆盖区域
智能低功耗 采集终端	基于 LORA 技术深度开发，支持数据采集、存储、根据不同参数需要适配相应采集终端。支持 2/3/4G/LAN/WLAN 及北斗通信，具有极低功耗、覆盖广、容量大、省流量、免布线等特点，根据现场需求新增全时在线、招测、主动触发上报等功能，增强设备的适用范围。适用于传感器安装区域集中、环境恶劣、难维护、布线工作量大或不易布线区域安装该款采集设备

在小型水库大坝监测中，对上述典型的四类适用环境中，本方案推荐两种典型组网形式。

选择智能 RTU 采集终端对监测仪器集中引线组网，该种方式渗漏监测与流量监测由于安装位置一般距坝体较远，不宜布线，选择采用低功耗采集终端进行数据采集，如渗漏监测与流量监测方便布线至一体化测站也可汇入，位移监测独立采集，其余参数通过布线方汇集在智能低功耗采集终端组成一体化测站进行数据采集，该种方式线缆布设工作量较大，典型应用如图 2-13。

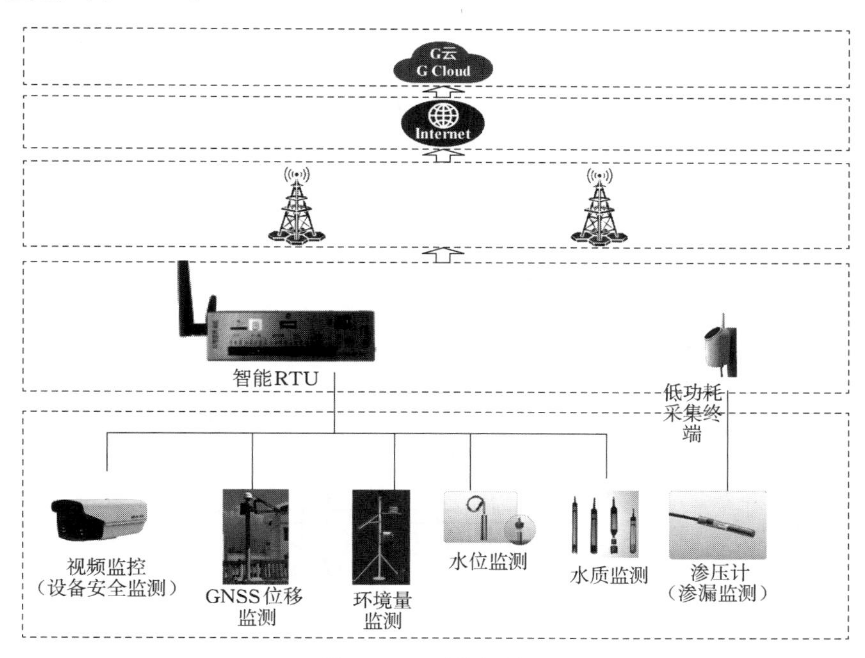

图 2-13　系统拓扑图

作为一种可选的方案，也可对大坝监测仪器利用 LORA 无线组网技术选择智能低功耗无线终端进行组网，该种组网可将气象监测、水位、水质、水温、视频等参数接入 LORA网关，渗压、渗漏、流量监测可接入智能低功耗无线终端进行采集及传输，典型组网如图 2-14、图 2-15 所示。

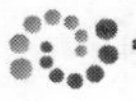

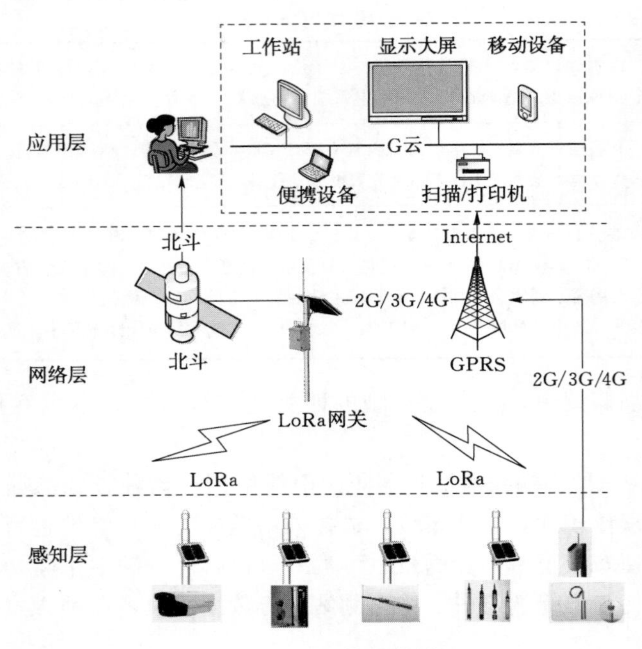

图 2-14　系统拓扑图

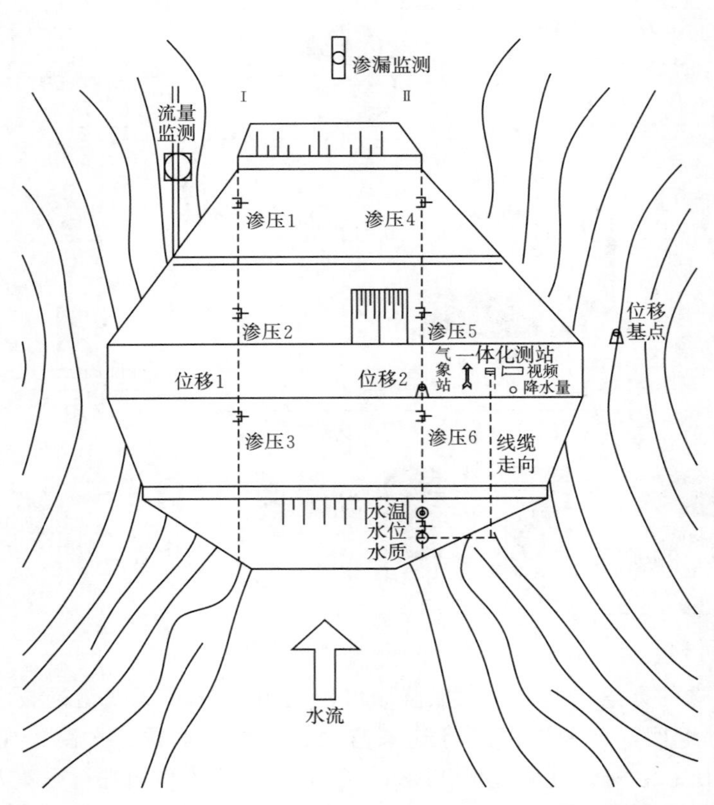

图 2-15　LORA 无线组网技术［重点小（1）型］布设图

2.4.4.2 平台功能

监测与预警云服务平台基于物联网及云计算技术，能够为用户提供传感器数据、视频图像、图片远程采集、传输、储存、处理及预警信息发送等服务（图 2－16）。该平台以集中式分区化的方式为用户提供便捷、经济、有效的远程监控整体解决方案。通过这种业务，用户可以不受时间、地点限制对监控目标进行实时监控、管理、观看和接收预警信息。

监测与预警客户端软件（图 2－17），是基于监测与预警物联网云服务平台具备图片远程采集、传输、存储功能，满足可上报和发送告警信息的应用软件，可以达到数据、信息和人的无限沟通。通过该平台，用户可以不受时间、地点限制对监控目标进行实时监控、管理、观看和收发预警信息。

根据监测设备参数不同，设定相应的报警阈值，硬件设备通过网络上报的数据一旦到达阈值将会触发报警，根据现场核实最终发送核实报警，核实后的报警通过手机短信、功放语音、现场广播、手机 APP、Email 邮件等方式实现（图 2－18）。

2.4.4.3 系统方案特点

本方案所选硬件均为经实际案例检验可靠的产品，G 云平台采用 B/S 架构即浏览器和服务器架构模式，整个系统具有以下特点：

（1）适用性高。本方案针对多种贴近实际情况的应用场景提出，充分考虑了偏远地区供电、通信、管理维护上的特殊需求和小型水库安全与运行监测要求，整个方案针对性强、贴近应用实际，适用性高。

（2）易维护、运维成本低。本方案设计时充分考虑了仪器设备安装运行环境和项目位置偏远、缺乏专业运维技术人员等因素，在设计时力求简洁、使用、可靠，所选设备在兼顾总投资的同时选择经过实际应用检验的成熟主流产品，故障率低，更换简单，现场维护人员其他相关调试、仪器操作等相关知识。G 云平台服务器设立在厂家，用户不需要考虑机房维护。

（3）采用多种防盗措施。针对现场无运行管理人员的小型水库，安装采用立杆式安装，安装高度不小于 3m，视频监控代入侵警报系统，一旦有人发生声光报警，设备箱采用锁箱防护，警示标语等设施，可有效防止设备遭人为破坏。

2.4.5 经济可行性分析

2.4.5.1 监测设备配置及费用预估

在调查国内主要监测设备销售厂家报价的基础上，本报告根据小型水库监测场景及其监测设备配置，估算出各种场景下小型水库智能监测费用（包括水库集水流域及库区），可供小型水库综合监测系统建设投资参考。

1. 水库集水流域监测设备配置及费用估算

水库集水流域监测费用估算表见表 2－14。

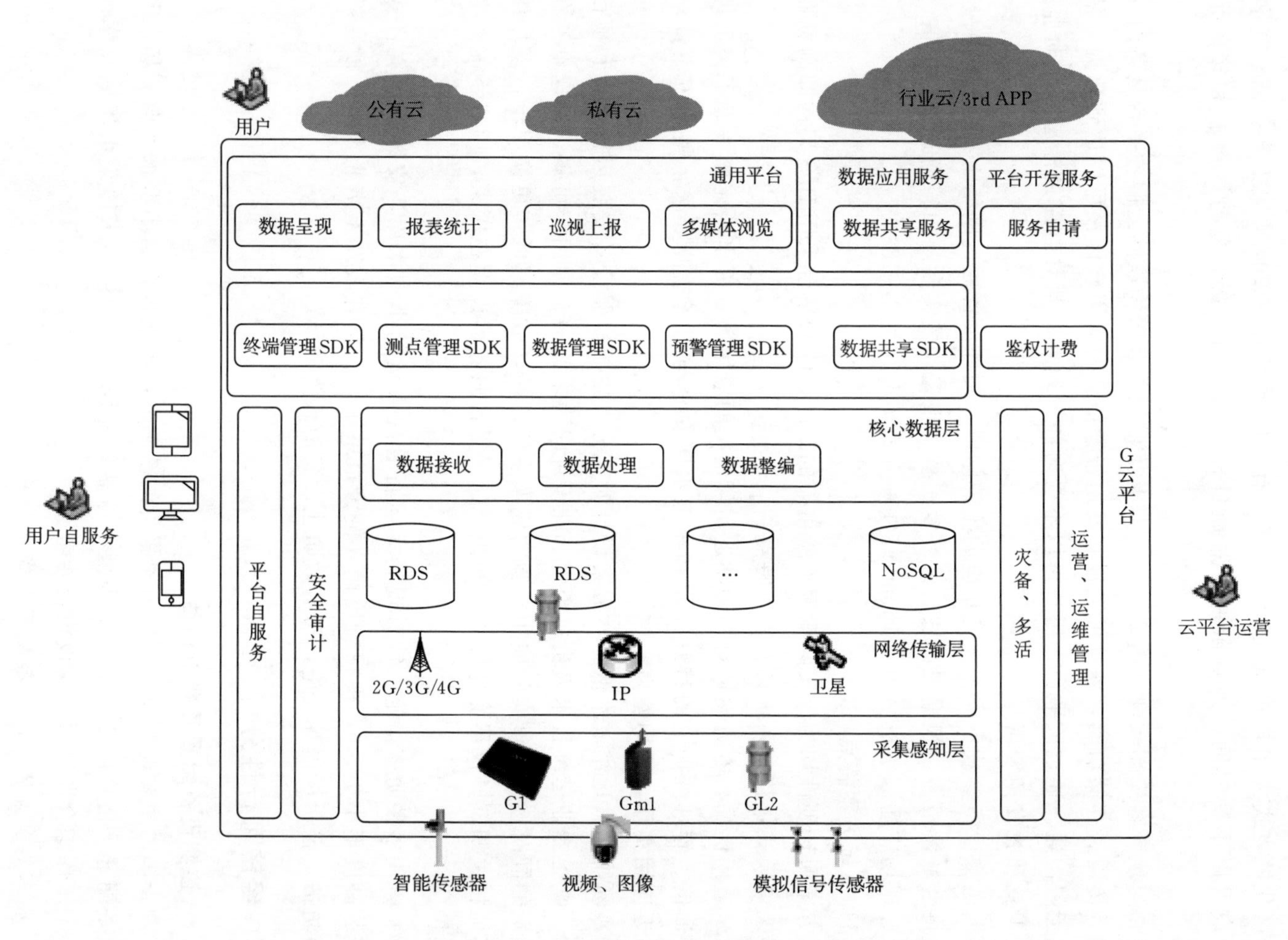
用户
公有云
私有云
行业云/3rd APP
通用平台
数据呈现
报表统计
巡视上报
多媒体浏览
数据应用服务
数据共享服务
平台开发服务
服务申请
终端管理SDK
测点管理SDK
数据管理SDK
预警管理SDK
数据共享SDK
鉴权计费
平台自服务
安全审计
核心数据层
数据接收
数据处理
数据整编
RDS
RDS
…
NoSQL
网络传输层
2G/3G/4G
IP
卫星
采集感知层
G1
Gm1
GL2
灾备、多活
运营、运维管理
G云平台
智能传感器
视频、图像
模拟信号传感器
用户自服务
云平台运营

图2-16　平台基本架构

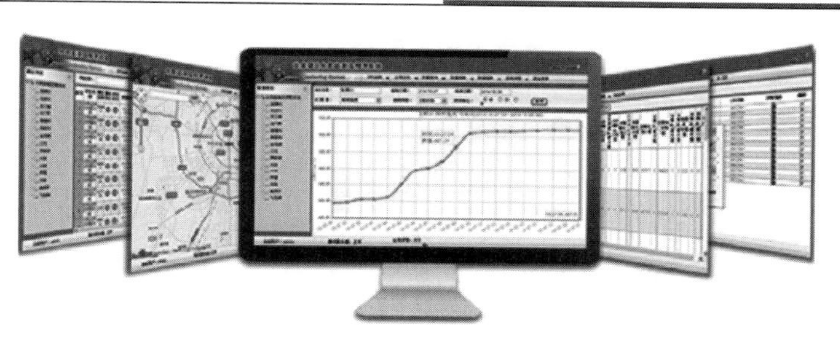

(a) PC端

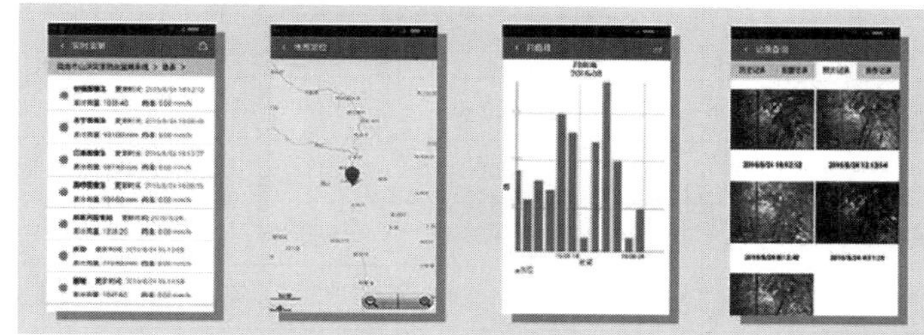

(b) 手机APP

图 2-17 平台软件功能展示

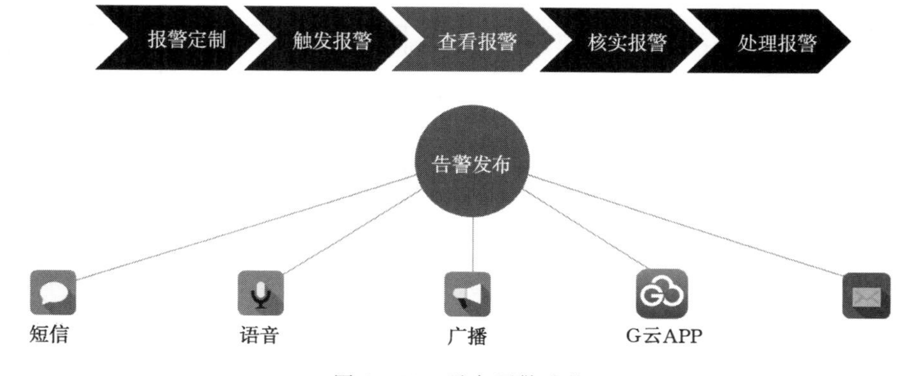

图 2-18 平台预警功能

表 2-14　　水库集水流域监测费用估算表　　单位：元

序号	名　称	单位	数量	设备单价	设备合价	安装单价	安装合价	合计
1	雨量计	个	1	2000	2000	900	900	2900
2	雷达水位计	支	1	7850	7850	1000	1000	8850
3	智能 RTU	台	1	12000	12000	2100	2100	14100
4	太阳能供电系统	套	1	3000	3000	1800	1800	4800
5	立杆及支架	套	1	2000	2000	5000	5000	7000
	合计				26850		10800	37650
站点通信及平台服务年费		项	1	1000				1000

2. 水库大坝监测设备配置与费用估算

(1) 重点小 (1) 型水库监测费用估算见表 2-15、表 2-16。

表 2-15　　重点小 (1) 型水库监测费用估算表 (有线组网为主)　　单位：元

监测项目	仪　器	数量	设备单价	设备合价	安装单价	安装合价	合计
一体化测站	雨量计	1	2000	2000	900	900	2900
	通气型振弦式水位计	1	5000	5000	1200	1200	6200
	水温传感器	1	340	340	200	200	540
	视频摄像	2	8000	16000	1600	3200	19200
	智能 RTU	1	12000	12000	1800	1800	13800
	立杆及支架	2	2000	4000	5000	10000	14000
渗压监测	振弦式渗压计	6	6000	36000	1200	7200	43200
	电缆挖沟穿管引线	600	18	10800	60	36000	46800
	钻孔	120			500	60000	60000
变形监测	GNSS	3	25000	75000	7000	21000	96000
气象	一体化气象站	1	15000	15000	1800	1800	16800
流量监测	管道流量监测	1	5500	5500	1100	1100	6600
	低功耗采集终端	1	5000	5000	1800	1800	6800
渗漏监测	量水堰计	1	10000	10000	2000	2000	12000
	低功耗采集终端	1	5000	5000	1800	1800	6800
水质监测	五参数监测	1	20000	20000	2000	2000	22000
合计							373640
水库通信及平台服务费用 (每年)		1					10000

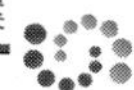

表 2-16 **重点小(1)型水库监测费用估算表(无线组网为主)** 单位:元

监测项目	仪 器	数量	设备单价	设备合价	安装单价	安装合价	合计
一体化测站	雨量计	1	2000	2000	900	900	2900
	通气型振弦式水位计	1	5000	5000	1200	1200	6200
	水温传感器	1	340	340	200	200	540
	视频摄像	2	8000	16000	1600	3200	19200
	智能 RTU	1	12000	12000	1800	1800	13800
	立杆及支架	2	2000	4000	5000	10000	14000
	无线网关(LORA)	1	10000	10000	1500	1500	11500
渗压监测	智能低功耗采集仪	6	3000	18000	900	5400	23400
	振弦式渗压计	6	6000	36000	1200	7200	43200
	钻孔	120			500	60000	60000
变形监测	GNSS	2	25000	50000	7000	14000	64000
气象	一体化气象站	1	15000	15000	1800	1800	16800
流量监测	管道流量监测	1	5500	5500	1100	1100	6600
	智能低功耗采集仪	1	3000	3000	900	900	3900
渗漏监测	量水堰计	1	10000	10000	2000	2000	12000
	智能低功耗采集仪	1	3000	3000	900	900	3900
水质监测	五参数监测	1	20000	20000	2000	2000	22000
合计							323940
水库通信及平台服务费用(每年)		1					9500

(2)小(1)型和重点小(2)型水库监测费用估算见表 2-17、表 2-18。

表 2-17 **小(1)型和重点小(2)型水库监测费用估算表(有线组网为主)** 单位:元

监测项目	仪 器	数量	设备单价	设备合价	安装单价	安装合价	合计
一体化测站	雨量计	1	2000	2000	900	900	2900
	通气型振弦式水位计	1	5000	5000	1200	1200	6200
	水温传感器	1	340	340	200	200	540
	视频摄像	2	8000	16000	1600	3200	19200
	智能 RTU	1	12000	12000	1800	1800	13800
	立杆及支架	2	2000	4000	5000	10000	14000

续表

监测项目	仪　器	数量	设备单价	设备合价	安装单价	安装合价	合计
渗压监测	振弦式渗压计	6	6000	36000	1200	7200	43200
	电缆挖沟穿管引线	400	18	7200	60	24000	31200
	钻孔	100			500	50000	50000
变形监测	GNSS	3	25000	75000	7000	21000	96000
流量监测	管道流量监测	1	5500	5500	1100	1100	6600
	低功耗采集终端	1	5000	5000	1800	1800	6800
渗漏监测	量水堰计	1	10000	10000	2000	2000	12000
	低功耗采集终端	1	5000	5000	1800	1800	6800
水质监测	五参数监测	1	20000	20000	2000	2000	22000
合计							331240
水库通信及平台服务费用（每年）		1					9500

表 2－18　小（1）型和重点小（2）型水库监测费用估算表（无线组网为主）　单位：元

监测项目	仪　器	数量	设备单价	设备合价	安装单价	安装合价	合计
一体化测站	雨量计	1	2000	2000	900	900	2900
	通气型振弦式水位计	1	5000	5000	1200	1200	6200
	水温传感器	1	340	340	200	200	540
	视频摄像	2	8000	16000	1600	3200	19200
	智能 RTU	1	12000	12000	1800	1800	13800
	立杆及支架	2	2000	4000	5000	10000	14000
	无线网关（LORA）	1	10000	10000	1500	1500	11500
渗压监测	智能低功耗采集仪	6	3000	18000	900	5400	23400
	振弦式渗压计	6	6000	36000	1200	7200	43200
	钻孔	100			500	50000	50000
变形监测	GNSS	2	25000	50000	7000	14000	64000
流量监测	管道流量监测	1	5500	5500	1100	1100	6600
	智能低功耗采集仪	1	3000	3000	900	900	3900
渗漏监测	量水堰计	1	10000	10000	2000	2000	12000
	智能低功耗采集仪	1	3000	3000	900	900	3900

续表

监测项目	仪　器	数量	设备单价	设备合价	安装单价	安装合价	合计
水质监测	五参数监测	1	20000	20000	2000	2000	22000
合计							297140
水库通信及平台服务费用（每年）		1					9000

（3）小（2）型水库监测费用估算见表2-19、表2-20。

表2-19　　小（2）型水库监测费用估算表（有线组网为主）　　单位：元

监测项目	仪　器	数量	设备单价	设备合价	安装单价	安装合价	合计
一体化测站	雨量计	1	2000	2000	900	900	2900
	通气型振弦式水位计	1	5000	5000	1200	1200	6200
	水温传感器	1	340	340	200	200	540
	视频摄像	1	8000	8000	1600	1600	9600
	智能RTU	1	12000	12000	1800	1800	13800
	立杆及支架	1	2000	2000	5000	5000	7000
渗压监测	振弦式渗压计	4	6000	24000	1200	4800	28800
	电缆挖沟穿管引线	300	18	5400	60	18000	23400
	钻孔	80			500	40000	40000
变形监测	GNSS	2	25000	50000	7000	14000	64000
流量监测	管道流量监测	1	5500	5500	1100	1100	6600
	低功耗采集终端	1	5000	5000	1800	1800	6800
渗漏监测	量水堰计	1	10000	10000	2000	2000	12000
	低功耗采集终端	1	5000	5000	1800	1800	6800
水质监测	五参数监测	1	20000	20000	2000	2000	22000
合计							250440
水库通信及平台服务费用（每年）		1					8000

表2-20　　小（2）型水库监测费用估算表（无线组网为主）　　单位：元

监测项目	仪　器	数量	设备单价	设备合价	安装单价	安装合价	合计
一体化测站	雨量计	1	2000	2000	900	900	2900
	通气型振弦式水位计	1	5000	5000	1200	1200	6200
	水温传感器	1	340	340	200	200	540

续表

监测项目	仪　器	数量	设备单价	设备合价	安装单价	安装合价	合计
一体化测站	视频摄像	1	8000	8000	1600	1600	9600
	智能 RTU	1	12000	12000	1800	1800	13800
	立杆及支架	1	2000	2000	5000	5000	7000
	无线网关（LORA）	1	10000	10000	1500	1500	11500
渗压监测	智能低功耗采集仪	4	3000	12000	900	3600	15600
	振弦式渗压计	4	6000	24000	1200	4800	28800
	钻孔	80			500	40000	40000
变形监测	GNSS	2	25000	50000	7000	14000	64000
流量监测	管道流量监测	1	5500	5500	1100	1100	6600
	智能低功耗采集仪	1	3000	3000	900	900	3900
渗漏监测	量水堰计	1	10000	10000	2000	2000	12000
	智能低功耗采集仪	1	3000	3000	900	900	3900
水质监测	五参数监测	1	20000	20000	2000	2000	22000
合计							248340
水库通信及平台服务费用（每年）		1					8000

2.4.5.2　经济可行性分析

监测设备配置及费用估算的基础是重新构建完整的小型水库综合监测系统，即假定原有小型水库（含流域）未设置任何监测设施，且没有其他可获取的监测数据来源。实际实施情况可能与上述假定存在差异，下面针对可能实际情况对实际监测费用估算进行必要的修正，并在此基础上进行经济可行性分析。

1. 已设有水库集水流域监测站

历史上因流域防洪需要已在各大中小型河流的关键河段布设有相应的水文站点，尤其是自 2009 年全国山洪灾害防治项目建设以来，根据《全国山洪灾害防治项目实施方案（2017—2020 年）》，2010—2016 年我国建设了自动雨量、水位站 7.5 万个，图像（视频）站 1.9 万处，简易监测站 36 万个，安装报警设施设备 140 万套。另外，2017—2020 年规划“确定的 2058 个县继续实施山洪灾害防治项目非工程措施项目建设，开展重点山洪沟（山区河道）防洪治理。”建设任务包括：①自动监测站点补充更新。“对代表性不足或布局不合理的山洪灾害雨水情监测站点进行优化调整，适当补充雨水情监测站点。调整、补充、改造、更新的监测站点严格遵照相关水文规范和技术要求，统一通信规约、报汛制度，保证稳定性和可靠性，实现部门间数据共享。”②重点区域图像（视频）监测站。“在重点区域受山洪灾害影响较大的沿河城（集）镇或村落、重要库塘堪坝等重点部位，适当

部署图像（视频）监测站，实现信息共享。”由此可见，现在全国各主要中小河流已建有雨量站、水位站，将或到 2020 年建有相应测站，而且测站监测设备满足智慧水利全面感知要求。因此，一般情况下，水库上游集水流域已具备相应的监测条件，不需要新投资设立测站，仅需从相应的管理部门获取相关数据即可。

2. 库区设有运行监测设施及部分安全监测设施

小型水库主要服务于农业灌溉、乡村防洪、人畜饮水，部分小型水库还具有发电功能。对于重点小（1）水库，一般具有灌溉、供水或发电功能，或者同时具有以上三种功能，这些小型水库一般具有较好的收益。对于该类小型水库，多设有较为完善的运行计量设施，如水量计量和水质检测，但水质检测多为送检，一般不具有在线监测功能。另外，根据 2016 年水利部开展的全国水库大坝安全监测设施建设与运行现状调查，49.60%小型水库有水位观测，6.50%有渗流量监测，3.09%有渗压监测，9.03%有变形监测，而我国小（1）型水库占小型水库的 19.2%，考虑到近几年持续推进的病险水库除险加固工作的进行，部分重点小型水库安全监测设施在继续完善之中，由此可以推断，目前我国目前小（1）水库中几乎均设有水位观测，40%设有渗流量监测，20%设有渗压监测，50%以上设有变形监测。因此对于小（1）型水库，可以分为两类，即设有较为完善监测设施的重点小（1）型水库（记为类型 1）、设有部分监测设施的重点小（1）型水库（类型 2）和一般小（1）型水库［含重点小（2）型］（类型 3），小型水库库区内新设置（改造）监测项目见表 2-21。

表 2-21　　小型水库库区内新设置（改造）监测项目

监测要素	项目实施类型		
	类型 1	类型 2	类型 3
雨量	0	0	1
水温	1	1	1
水位	0	2	1
视频	0	2	1
渗压	0	1	1
渗流	0	2	1
变形	0	0	1
流量	0	0	0
气象	0	1	0
水质	1	1	1

注：0 表示不变动；1 表示新增；2 表示改造。

在智能化改造中假定单项改造费用为单项新增费用的 50%，据此可推断出各类型小（1）型水库监测系统升级改造费用见表 2-22。

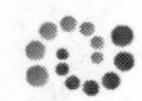

表 2-22　　小型水库库区内升级改造费用　　单位：元

组网类型	项目实施类型		
	类型 1	类型 2	类型 3
有线	43340	232240	317840
无线	43340	218890	318640

对于一般小（2）型水库，考虑到目前通常未设置安全监测设施，运行监测设施简陋，不符合智能监测要求，故库区监测费用按完整的监测技术方案费用取费，即分别为 250440 元和 248340 元。

根据目前小型水库的功能来看，重点小（1）型水库一般库容较大，有比较稳定的经营收入，且大多数目前已设有一定的监测设施，对原有监测设施进行适当改造完善即可形成智能型综合监测系统，新投入资金较少，实施难度小，且这类小型水库一般由各级水行政主管部门直接管理或委托有关单位管理，可从经营收入安排经费。对于一般小（1）型水库和重点小（2）型水库多数有一定的经营收入，考虑到智能型综合监测系统建设投入较大（20 万～30 万元），且监测系统建设对水库运行直接收益无明显影响，但对地区防洪减灾、生态保护和环境治理方面能发挥重要影响，具有较大的国民经济效益，可考虑以财政资金采购监测设备、运行单位负责安装施工费用的模式推进，并制定有效的经费使用监管措施以确保经费的高效使用。对于一般小（2）型水库，多为村镇集体所有，其主要功能为防洪和灌溉供水，经营收入少且不稳定，一般不足以维持水库运行，无专人管理，且目前几乎均为设置安全监测设施，智能型综合监测系统建设投入较大，明显超出了绝大部分管理单位（业主）的经济承受能力。鉴于一般小（2）型水库众多和在山洪灾害防治和农田灌溉方面的重要作用，应由各级政府统筹安排，成立专门的管理部门，积极筹措资金，探索有效的小型水库智能型综合监测系统建设运行管理模式，确保小型水库安全运行，化解各类小型水库安全风险，发挥小型水库在地区经济发展中的积极促进作用。

2.4.6　关于小型水库安全监测技术方案的讨论

前面提出的智能综合监测技术方案是适合小型水库个体实施的技术方案，但我国小型水库众多，且分布不均，对于湖南、江西、广东、四川、山东、湖北、云南和安徽等小型水库众多的大省，每个县平均有近百座小型水库，按照水库群对辖区内小型水库进行统一管理、统筹安全监测设施将更有利于辖区内小型水库安全管理、防洪减灾、风险控制、数据共享与分析等工作的开展。随着监测技术发展，已经出现了以地表变形监测技术和天气雷达雨量估测技术为代表的区域水库群安全监测技术，有利于降低辖区内小型水库安全监测系统建设总投资，并能及时发现工程和地质灾害风险，提高小型水库风险预测和响应能力，有效避免或减少灾害损失，确保人民群众生命财产安全。下面介绍适合用于水库群的安全监测技术的基础上提出基于水库群的区域水库监测技术方案。

2.4.6.1 基于GNSS+InSAR地表变形监测技术

1. 北斗/GNSS大坝变形监测技术

(1) 北斗/GNSS变形监测技术精度。北斗监测能否应用于大坝变形监测，监测精度是一个重要的衡量指标。目前适用的《混凝土坝安全监测技术规范》(SL 601—2013)、《土石坝安全监测技术规范》(SL 551—2012)中，对变形监测的精度均进行了明确要求。混凝土坝要求变形监测精度达到1mm，土石坝要求变形监测精度达到3mm。

北斗监测可以在两种工作模式下运行：一种是实时解，可每1s输出一个定位结果，精度可达8～10mm，一般用于桥梁、高层建筑的高动态监测；另一种是静态解，累积观测一段时间再输出1个观测结果，以获取更高的观测精度，大坝监测就是采用这种静态解模式。

在静态解模式下，观测时长确实会对北斗监测精度产生影响。对北斗监测的精度进行统计，随观测时长的增加，监测精度不断提升。例如，在茜坑水库：观测时长为1h，水平精度优于2mm；观测时长4h，水平精度优于2mm，垂直精度优于3mm；观测时长12h，水平精度优于1mm；观测时长24h，水平和垂直精度均优于1mm。

监测精度表明：北斗监测能够满足土石坝变形监测需求；在观测时长为24h的情况下，能满足混凝土坝坝体变形监测需求。需要强调的是，北斗监测需要良好的卫星观测，因此无法用于坝体内部变形观测，只可用于坝体表面变形观测。

(2) 北斗自动化变形监测系统组成。系统由基准站和监测站、数据传输网络、控制中心以及配套的供电、防雷设施组成。

1) 基准站和监测站实现监测数据的采集，北斗/GNSS设备是基准站和监测站的核心组成，主要设备设施包括北斗接收机、北斗天线、观测墩等。

2) 数据传输网络实现基准站、监测站和控制中心之间的数据通信，可采用有线、无线等多种数据传输方式，如光纤、3G/4G、Wi-Fi等。

3) 控制中心用于实现数据采集控制、数据解算分析、数据管理等功能。主要设备包括计算机、北斗/GNSS数据处理软件等。

(3) 北斗/GNSS监测的技术优势。目前用于大坝表面变形监测的主流技术，是采用全站仪测量水平变形，采用水准仪测量垂直变形。人工全站仪、水准仪监测技术的局限性，表现在受通视条件限制、观测效率低、无法实时观测、无法全天候观测。

自动全站仪能实现水平位移的自动化监测，较少用于高精度的垂直位移监测。虽然自动全站仪提升了观测效率，实现了实时观测，但依然受通视条件限制，无法全天候观测。通视条件即全站仪观测站和监测点之间的视线不受遮挡，这会导致自动观测站选择较为困难，大多数情况下一个测站难以同时兼顾迎水面和背水面观测点，需要增加测站布置。

相较于传统手段，GNSS监测的主要优势在于：

1) 不受通视条件限制。北斗基准站和监测站之间，不需要通视，因此测点布置较为灵活，易实现远距离监测，适用性更强，能满足各类大坝监测应用场景。

2) 全天候。GNSS监测系统能够实现实时全天候大坝变形监测，可在夜间、台风暴雨期间正常观测。

3）经济性。相较于早期的 GPS，北斗监测成本已有数量级的下降。自动化系统相较于人工观测，可以获得更多更详细的观测资料，一次性建成后无须为单次观测支出成本，从长远来讲成本更低。

4）无人值守。小型水库管理的难点，在于专业技术人员极度匮乏。人工观测手段虽然简便灵活，但在缺乏专业人员的情况下难以规范和监管。无人值守的远程监测，可以从技术上保证监测数据的准确性和可靠性。

5）三维变形监测。同步获取同一测点在水平、高程方向上的三维变形。

2. 合成孔径雷达干涉测量（InSAR）监测技术

合成孔径雷达（SAR）是一种高分辨率的二维成像雷达。它是利用合成孔径原理、脉冲压缩技术和信号处理方法，以真实的小孔径天线获得距离向和方位向双向高分辨率遥感成像的雷达系统，在不同频段、不同极化下可得到目标的高分辨率雷达图像。它作为一种全新的对地观测技术，近 20 年来获得了快速发展，现已逐渐成为一种不可缺少的遥感手段。与传统的可见光、红外遥感技术相比，SAR 具有许多优越性，它属于微波遥感的范畴，可以穿透云层和甚至在一定程度上穿透雨区，而且具有不依赖于太阳作为照射源的特点，使其具有全天候、全天时的观测能力，这是其他任何遥感手段所不能比拟的。微波遥感还能在一定程度上穿透植被，可以提供可见光、红外遥感所得不到的某些新信息。随着 SAR 遥感技术的不断发展与完善，它已经被成功应用于地质、水文、海洋、测绘、环境监测、农业、林业、气象、军事等领域。目前在轨的合成孔径雷达卫星如图 2－19 所示。

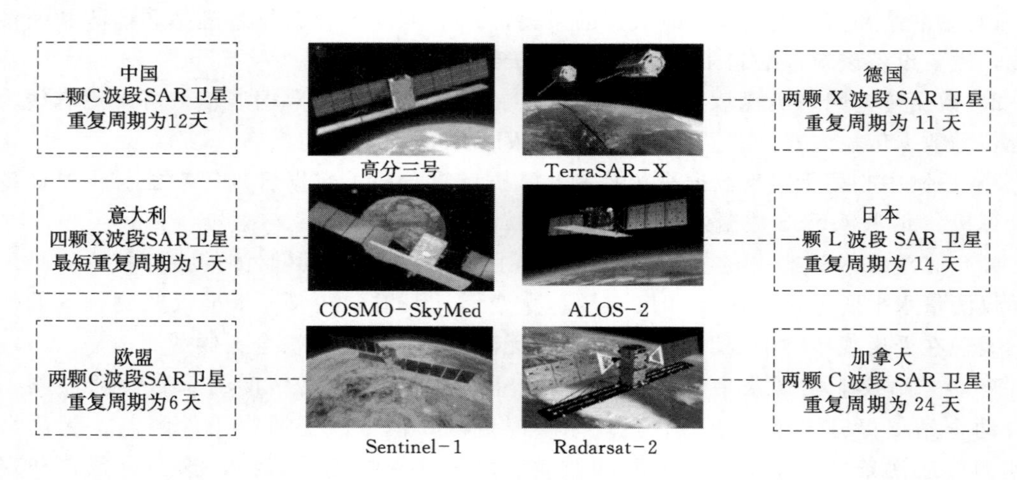

图 2－19　目前在轨的合成孔径雷达卫星

早期，人们仅仅利用 SAR 图像的强度（灰度）信息，而抛弃了 SAR 图像的相位信息。雷达遥感大多基于单张 SAR 图像的灰度信息来进行地质调查、极地冰川、土地利用、植被和生态环境监测等。进入 20 世纪 70 年代，射电天文领域发展成熟的干涉技术被引入，将覆盖同一地区的两张 SAR 图像联合处理并提取对应像素的相位差（干涉相位）信息，以此恢复目标形状如数字高程模型的建立，从而导致了合成孔径雷达干涉测量（In-

SAR）的诞生。

InSAR利用雷达向目标区域发射微波，然后接收目标反射的回波，得到同一目标区域成像的SAR复图像对，若复图像对之间存在相干条件，SAR复图像对共轭相乘可以得到干涉图，根据干涉图的相位值，得出两次成像中微波的路程差，从而计算出目标地区的地形、地貌以及表面的微小变化，可用于数字高程模型建立、变形监测等。

对比其他测量技术，星载InSAR测量技术具有以下优势：

（1）全天时全天候。星载合成孔径雷达是一种主动式传感器，通过采集地物对雷达发射的电磁波的后向散射信号，形成雷达影像。雷达所发射的微波信号能够穿透云层，因此其在夜晚、大雾、云和雨等条件下也能对目标进行形变监测，具备长时间连续工作的能力。

（2）大范围监测能力。雷达影像的覆盖范围广，一般为几千米至几百千米，空间分辨率最高可达到1m。以高分辨率雷达卫星COSMO-SkyMed为例，一景条带模式下空间分辨率为3m的标准影像范围为40km×40km，可用于提取1600km^{2}范围内建筑物的变形信息。深圳市水库坝体、引水管线、河道、海堤等水务设施具有分布散、范围广、形变周期长等特点。针对上述特性，需要既能满足实现全市大范围区域监测的基本要求，又要求具有足够的精度和快捷的周期来准确及时地发现可能出现灾害的重点区域。对地观测的合成孔径干涉雷达卫星技术（InSAR）则可充分满足这一监测需求。

（3）近实时监测能力。随着雷达卫星平台的不断发展，卫星的拍摄能力越来越强，每月能对重点区域进行数次数据采集。以COSMO-SkyMed雷达卫星为例，该系统由4颗卫星组成，且轨道设计合理，此优势使得该系统在一个月内可对重点区域进行数次的拍摄，最短时间间隔可达1天，影像获取的时间点非常灵活。高重访周期与大影像覆盖面积，使得该系统能够高效地为深圳市水务设施形变监测提供雷达数据支持。此外，目前国际上雷达卫星平台逐渐丰富，较为成熟的有TerraSAR-X/TanDEM-X双星、COSMO-SkyMed星座、ALOS-2以及Sentinel-1卫星等。这些卫星平台的联合使用可极大地提高雷达卫星对地面目标的监测范围和监测频率。

（4）非接触式测量。InSAR在形变监测过程中不需预设地面监测标志，特别适合监测大坝、边坡、输水管线及设施、河道、海堤、填海区等大范围分布的目标。同时，InSAR技术无须地面设施部署和人工投入，这可大幅减少人力成本和降低测量工作的危险系数。北斗与InSAR监测技术性能对比见表2-23。

表2-23　　北斗与InSAR监测技术性能对比

序号	性能指标	北斗技术	InSAR技术
1	监测精度	1～3mm	2～5mm
2	监测频率	24h实时监测	间隔11天
3	监测范围	单点监测	面域监测

续表

序号	性能指标	北斗技术	InSAR技术
4	三维监测	三维监测	沉降监测
5	测点布设	需安装GNSS设备	无须安装设备
6	历史追溯	安装设备前的历史变形无法追溯	可事后追溯历史变形

3. 结合GNSS的InSAR多维地表形变观测技术

GNSS作为目前三维形变测量中较为常用的技术，在连续工作模式下GNSS垂直向和水平向的测量精度可以达到亚厘米级。然而，受布设密度和运营成本的限制，GNSS很难进行大面积、高密度测量，即使在观测网（SCIGN）或地理网（GEONET）这样的高密度GNSS网络下，空间分辨率也不会超过10km，这使其适用性大大降低。GNSS与InSAR技术具有很好的互补性，GNSS技术不仅可以提供地面观测点的形变信息，还能提供该处的气象资料，为InSAR技术对多维地表形变的估算提供补充数据源，而InSAR技术能够提高GNSS的空间分辨率，能够以毫米级精度观测大面积地表形变。两者的融合可以实现GNSS高时间分辨率与InSAR技术高空间分辨率的有机统一。

在北斗和InSAR技术的推动下，低成本获取大坝外部变形数据正逐渐成为现实。在此趋势下，针对监测设施匮乏、经济条件有限、专业人员不足的小型水库安全管理，能够获取到变形监测数据也是弥足珍贵的。

2.4.6.2 天气雷达雨量估测技术

多普勒天气雷达是以多普勒效应为工作原理的一种新型相干雷达，其主要工作原理为：当降水粒子相对于雷达发射波束进行相对运动时，可以测定接收信号与发射信号的高频频率之间存在的差异，从而得出所需的信息。也就是说，天气雷达间歇性地向空中发射脉冲式电磁波，并以近于直线的路径和接近光波的速度在大气中传播。在传播的路径上，若遇到气象目标物发生散射时，散射返回雷达的电磁波（称为回波信号，也称为后向散射），在荧光屏上显示出气象目标的空间位置等特征。运用这种原理，可以测定出散射体相对于雷达的速度，在一定条件下反演出大气风场、气流垂直速度分布以及端流情况等。

多普勒天气雷达能够探测到垂直于地面上空8～12km中的对流层正在发生的变化，测定云的移动速度，对于研究降水形成、分析中小尺度天气系统以及强对流天气警戒等都具有十分重要的作用。目前，多普勒天气雷达主要应用于对灾害性天气，尤其是与雹灾和风灾伴随发生的灾害性天气的监测与预警。同时，它还可以进行较大区域范围的定量降水估算，获取降水云体风场结构。

雷达设备工作时，通过发射系统发射一定功率的脉冲能量，经过馈线部分到达天线，然后向空间定向辐射；天线定向辐射的电磁波能量遇到降水等目标时，便会产生散射，其中后向散射的一部分形成回波信号被天线接收；天线接收到降水等目标的回波信号，经过馈线部分传输到接收系统；接收系统将回波信号进行放大、混频、转换等处理后送往信号

处理系统；信号处理系统对回波信号做数字中频信号处理后形成正交信号，并对其作平均处理和地物对消滤波处理，得到反射率的估测值即强度 Z，通过脉冲对处理或快速傅里叶变换处理，从而得到散射粒子群的平均径向速度和速度的平均起伏（即速度谱宽），通过处理双极化数据得到差分反射率、差传播相移、零滞后相关系数等雷达原始监测信息。雨量雷达通过计算雷达回波信号强度来推算气象目标的实际物理状况，通过雷达气象方程，建立雷达平均接收功率与雷达反射因子 Z 的关系，而 Z 与观测区域内的降水强度 I 存在一定的关系，因此可通过雨量雷达测量的回波信号强度推算出实际的降水强度。这种测量方法被称为 $Z-I$ 关系法，即应用雷达气象方程由测得的雷达回波功率算出雷达反射因子 Z 值，然后根据特定条件下的 $Z-I$ 关系推算出降水强度 I，从而得到实际的降水强度与降水量。

相对于常规雨量站监测技术，天气雷达降雨估测技术具有以下优势：

（1）监测范围广。单台雷达探测距离可达数百千米，一部雷达可以监测整个区域内的降水。

（2）空间连续好。天气雷达降水监测是区域降水监测技术，可实时获取空间连续雨量分布。

（3）不需要在被监测点安装雨量监测设施。天气雷达降水监测为遥测技术，不需要现场收集雨量，有利于监测项目的部署和管理。

（4）能更好掌握区域内总的降雨量。雨量站作为定点测量雨量技术，设站位置处的雨量测量精度较高且工作可靠，但对于需要获取整个区域降水数据的情况（如防汛中需要测量水利工程上游流域降雨量和产水）来说，由于设站密度和设站点降雨量等代表性问题，雨量站数据得出的区域总的雨量数据存在较大误差，而天气雷达作为区域雨量测量技术能同时得到整个区域的降雨量分布，从而获得较为准确的区域内总的降雨量数据。

但是相对于常规雨量监测技术，天气雷达降雨估测技术也存在以下不足：

（1）雷达信号受地形影响比较大，回波阻挡将会严重影响天气雷达的探测范围和测量精度。

（2）天气雷达降雨估测的准确性较大程度上依赖于 $Z-I$ 关系，而 $Z-I$ 关系与雨滴谱谱型密切相关，且同一地区不同季节的雨滴谱谱型存在变化，从而使得采用固定的 $Z-I$ 关系在降雨量估测中存在偏差。

（3）天气雷达降水估测监测室空中水汽粒子信号，雨滴在降落过程中可能存在较大的水平运动，从而使得降雨量估测存在一定误差。

（4）天气雷达信号还会受到大气折射、大滴散射、非气象杂波、回波衰减和 0℃ 层亮带等因素的影响，就特定点降雨量测量而言，其测量精度和可靠性比常规雨量计（如翻斗式雨量计）稍差。

（5）天气雷达单价高，不适合单项工程项目区域的雨量监测。

为了提高天气雷达降雨量测量精度，最大限度降低雨滴谱谱型变化带来 $Z-I$ 关系不确定性影响和地形阻挡影响，常采用的技术手段有雷达—雨量计联合实时校准法和雷达组网预测法，利用区域内少量的雨量计对降雨过程中的 $Z-I$ 关系进行实时校准，从而提高测量精度，详细情况参见天气雷达雨量监测技术相关章节。

2.4.6.3　基于区域的小型水库群感知技术方案

1. 设计思想

本方案的出发点为，由县一级水行政主管部门统筹组织、实施、管理本行政辖区内小型水库的安全监测和运行监测设施建设、安全监测设施运行管理及监测数据分析整编等工作。因此，本方案以行政区域内小型水库群整体为监管对象，优先采用适合区域整体监管的监测技术，也即本方案在降水量监测方面采用基于雷达—雨量计联合实时校准测量技术，坝体变形监测采用 GNSS＋InSAR 技术，其他监测要素采用与小型水库个体感知技术方案相同的策略在库区和流域现场进行布置。鉴于我国气象部门已建有较为完善并且覆盖我国大部分区域的天气雷达网，且天气雷达组网运行在消除地形阻挡误差等方面具有明显优势。本方案辖区内降水量数据采用从气象部门共享方式获取，不再新设置降水量监测设施。另外 GNSS 坝体变形监测需要设置监测基准站，本方案可根据辖区水库分布情况，全区统筹规划监测基准站，各水库现场 GNSS 监测站可以共享邻近区域内的 GNSS 基准站。

2. 系统组成与组网方案

基于区域的小型水库群感知技术方案（新方案）在应用场景分类和感知要素方面与小型水库个体感知技术方案（以下简称原方案）相同，其中坝体变形监测采用 GNSS＋InSAR 技术，降水量监测采用天气雷达＋雨量计联合实时校准技术，因此在组网方面，除降水量（通过与气象部门共享数据）和 InSAR 监测的坝体变形量直接传送到云平台外，其他监测数据及联网与传输方式与原方案相同。

3. 现场监测仪器配置

由于本方案中降水量监测统一从气象部门天气雷达监测数据中获取，因此水库集水流域内现场监测仅需布置雷达水位计即可。

库区内监测基于同样的考虑，现场不需布置降水量监测设备，同时因通过 InSAR 监测可以全面掌握坝体变形分布，因此 GNSS 变形监测点可适当减少。根据场景分类及现场通信和供电条件，各类型水库库区内监测项目配置推荐见表 2－24。

表 2－24　　小型水库库区内监测项目及仪器配置

监测要素	仪器名称	单位	配置数量			
			场景一	场景二	场景三	场景四
一体化测站	水温	套	1	1	1	1
	水位计		1	1	1	1
	视频摄像		2	2	2	1
	智能型 RTU		1	1	1	1
	立杆及支架		2	2	2	1
渗压监测	智能采集仪＋渗压计	套	6	6	6	4

续表

监测要素	仪器名称	单位	配置数量			
			场景一	场景二	场景三	场景四
渗流监测	量水堰	套	1	1	1	1
变形监测	GNSS	套	2	2	2	1
流量监测	管道流量计	套	1	1	1	1
气象	一体化气象站	套	1	0	0	0
水质监测	五参数水质监测	套	1	1	1	1

4. 设备选型

现场除不设降水量监测设备外，其他设备选型同原方案。

5. 区域监测系统方案特点及适应性分析

(1) 新方案在智能终端选择和平台功能方面与原方案相同，新方案除具有原方案的系统特点外，还具有以下特点：

1) 水库集水流域内总降水量估算更准确，从而能准确预报水库来水情况和水位上涨情况，有利于提前准确发出洪水预警和灾害预警。

2) 坝体表面变形监测具有更好的实时性（GNSS）和空间连续性（InSAR），能更准确地掌握水库坝体变形分布和总的变形情况。

3) GNSS现场监测点坝体变形监测更精确。因统筹规划和管理区域内的GNSS基准站网设置，GNSS现场监测站可以利用邻近多个基点校准，有利于提高现场监测点测量精度。

4) 可减少辖区内GNSS基准站数量。对于小型水库大省以及其他省份小型水库分布比较集中的县，水库密度较大，可以通过多个水库共享少量GNSS基准站可显著减少区域内基准站数量。

5) 有利于降低区域内总的监测系统建设成本。新方案现场不用配置降水量监测设施，并可减少GNSS监测站和基准站设置数量，从而减少现场设施采购和安装成本。因InSAR技术不需在现场布置监测设施，辖区内数十个小型水库仅需购买一套InSAR分析软件，且星载SAR数据可以通过公共服务免费获取，因此采用InSAR技术所增加费用将明显少于因减少GNSS监测站和基准站数量所减少的费用。因此，本方案可显著减少小型水库集中分布区域内监测系统建设的总成本。

6) 有利于行政区域内小型水库的安全监管。本方案由水行政主管部门负责或委托有关部门配置专业人员集中管理辖区内所有小型水库监测数据的存储、分析和资料整编，辖区内小型水库安全监测数据实时上传到主管部门指定的云平台并及时进行分析处理，有利于及时发现小型水库工程风险及监测系统故障等安全隐患，充分发挥安全监测系统的安全监测与风险预警作用。

(2) 相对于小型水库个体监测方案（原方案），区域监测方案存在以下限制条件：

1）小型水库分布密度较大。对于小型水库较少或者区域内小型水库分布稀疏的地区，可能存在GNSS基准站不能减少、GNSS监测站数量减少有限的情况，而且需要配置InSAR变形监测系统和相关技术人员，从经济角度来说并不明显占优。

2）需要改变现有的小型水库安全管理制度，实现水库运行与安全监测责任分离，增加了行政主管部门的监管主体责任。

3）需要气象部门天气雷达网监测范围覆盖辖区内水库及其集水流域的分布区域，同时需要与气象部门建立数据共享机制。

4）本方案需要在县级行政区域内统一规划和整体推进，不适合采用先试点、再推广的方法逐步实施推进。但从省级行政区域来说，可以选取少量县市进行先试点、再推广的策略实施。

6. 经济分析

由于每个行政辖区内小型水库数量以及各类型小型水库数量分布各不相同，因此无法对整个辖区内区域监测实施技术方案的总投资和经济可行性进行具体分析，下面仅对区域整体监测方案下各类型小型水库现场监测设施的建设或改造进行估算，供有关部门决策参考。

采用与小型水库个体监测方案经济可行性分析类似的分析方法，区域小型水库群安全运行监测技术方案中库区现场新设置（改造）项目见表2-25。据此可推断出各类型小（1）型水库监测系统升级改造费用见表2-26，表中“投资”为区域整体监测方案中单个水库的投资，“变动”为本方案相对于水库个体监测方案中单个水库的投资减少额。

表2-25　小型水库库区内新设置（改造）监测项目

监测要素	项目实施类型		
	类型1	类型2	类型3
水温	1	1	1
水位	0	2	1
视频	0	2	1
渗压	0	1	1
渗流	0	2	1
变形	0	0	1
流量	0	0	0
气象	0	1	0
水质	1	1	1

注：0表示不变动；1表示新增；2表示改造。

表 2-26 小型水库库区内升级改造费用 单位：元

组网类型	项目实施类型					
	类型 1		类型 2		类型 3	
	投资	变动	投资	变动	投资	变动
有线	43340	0	232240	0	282940	34900
无线	43340	0	218890	0	283740	34900

对于一般小（2）型水库，考虑到目前一般未设置安全监测设施，运行监测设备简陋，不符合智能监测要求，故库区监测费用按完全更换设置方式取费，在新方案仪器配置基础上计算得到项目投资分别为 282940 元和 283740 元，均比小型水库个体监测方案减少 34900 元。

简单分析整体监测方案与个体监测方案在项目总投资方面的差异时，例如根据前面对全国小型水库空间分布特征的分析，小型水库大省每个县平均小型水库近百座，这里假定为 80 座。根据全国水库普查结果，小（1）型水库占比为 19.2%，假设其中 20% 为重点小（1）型水库，同时假设小（2）型水库中 10% 为重点小（2）型水库，由此可以推算出，重点小（1）型水库 3 座，一般小（1）型水库数量为 12 座，重点小（2）型水库 6 座，一般小（2）型水库 58 座。根据前面分析，除重点小（1）型水库投资无变动外，其他小型水库现场投资均可减少 34900 元，且与组网形式无关，由此测算出以县为单位的本方案相对于小型水库个体监测方案库区现场建设投资减少额为（80－3）×3.49＝268.73 万元。

因目前无 InSAR 分析软件准确参考报价，所以无法做出较为准确投资变动分析。不过预期 InSAR 分析软件价格应该远低于 268 万元，因此采用基于区域小型水库群整体监测的技术方案在经济上具有较大优势。鉴于该方案有一定的适用条件限制，有关部门可结合本地区的实际情况具体参考选择。

2.5 小 结

我国小型水库众多，绝大部分分布在边远地区，这些小型水库在防洪、灌溉、人畜饮水和城镇供水方面发挥着显著的社会与经济效益，但因历史原因，小型水库普遍存在建设标准偏低、工程质量差、缺少监测设施等问题，加之长期维修养护不善，超过一半为病险水库，成为我国防洪保安体系中的薄弱环节。针对以上问题，本书结合小型水库地理位置偏远、基础条件差、管理薄弱等状况，提出了一套智能型综合监测技术方案，该方案具有以下特点：

（1）适用性高。该方案充分考虑了偏远地区供电、通信、管理维护上的特殊需求，以及小型水库安全与运行监测要求，设计了四种应用场景，并针对不同应用场景给出了不同的选型、仪器配置和安装布置方案，方案满足免市电、低功耗等要求。整个方案针对性强，贴近应用实际，适用性高。

（2）易维护、运维成本低。本方案设计时充分考虑了仪器设备安装运行环境和项目位置偏远、缺乏专业运维技术人员等因素，在设计时力求简洁和使用可靠，所选设备在兼顾总投资的同时选择经过实际应用检验的成熟主流产品。这种产品故障率低，更换简单，便于现场维护人员进行相关调试、仪器操作等云平台服务器设立在厂家，用户不需要考虑机房维护。

（3）采用多种防盗措施。针对现场无运行管理人员的小型水库，安装采用立杆式安装，安装高度不小于3m，视频监控代入侵警报系统，一旦有人进行声光报警，设备箱采用锁箱防护和警示标语等设施，可有效防止设备遭受人为破坏。

（4）可实施性强。本方案在系统架构设计和监测设备布置与选型中，始终贯彻在满足基本监测功能、性能和安全防护要求的条件下使得设备布置尽可能紧凑简洁，力求整个监测系统运行可靠、维护简单和成本优化，除重点小（1）型水库外，其他小型水库项目总投资可控制在30万元左右。如果已经安装流域监测设施，且气象数据可从其他气象部门获取的话，项目总投资还可进一步下降。

除了提出小型水库综合监测技术方案外，本书还研究了包括天气雷达降水估测技术、GNSS动态变形监测技术和基于InSAR的地表变形监测技术等先进的水库监测技术，各地区可根据管理模式、项目区域环境条件、区域经济发展水平、水库灾害风险影响等因素决定具体技术的选用。原则上在经济发展水平较高、地势平缓、水库灾害影响大、行政主管部门统一管理水库安全运行的地区，可优先采用天气雷达降水估测技术、GNSS和InSAR相结合的变形监测技术，可实现实时掌握辖区内小型水库的防洪及安全运行现状，并能显著降低辖区内水库安全管理总成本。

第3章

堤防监测技术

3.1 堤防感知现状

3.1.1 基础信息

堤防作为防御洪水的屏障，是我国防洪工程体系的重要组成部分。中国江河湖泊众多，海岸线长，堤防分布广泛。我国目前实际堤防长度大约有29.93万km，其中20.75万km已建堤防通过水利普查掌握了基础数据，堤防（段）110万条左右。堤防在全国各个省、直辖市及自治区都有分布，其中江苏省堤防长度最长，有5万km以上，其次为河北、辽宁、安徽、河南、广东等，这些地区都分布有大量堤防。我国的主要堤防包括：

（1）黄河下游大堤全长1583.22km。

（2）长江的荆江大堤、汉江大堤、同马大堤和无为大堤。荆江大堤位于湖北枝城至湖南城陵矶长江中游段，全长182.35km。江汉大堤位于湖北省长江中下游左岸，全长942.67km。同马大堤位于安徽省境内东部长江左岸，自无为县合兴至和县方庄，全长124km，其中无为县112.5km，和县境内11.5km。

（3）淮河的淮北大堤和洪泽湖大堤。淮北大堤位于淮河中游正阳关以下干流河道北侧，全长238.4km。洪泽湖大堤又名高家堰，全长6725km。

（4）珠江的北江大堤，位于北江中游左岸，全长60km。

（5）海河的永定河大堤位于北京市石景山至天津武清县，全长170km。

（6）广东省共有堤防5433条，总长2.89万km，其中5级以上堤防3865条，总长2.21万km。5级以上堤防工程中，珠三角地区堤防总长9548km，占全省堤防的43.14%；粤东地区堤防总长4190km，占全省堤防的18.93%；粤西地区堤防总长3766km，占全省堤防的17.02%；粤北地区堤防总长4626km，占全省堤防的20.90%。2级以上堤防长度2673km，主要分布在珠江三角洲地区。

根据对8个省的644个重要堤段监测数据抽样调查，发现27%的堤段建有视频监控，大多数堤防没有安全监测设施。重点防洪提防在汛期开展了人工巡查，部分重点提防开展了维修养护。

我国的堤防管理信息化建设还处于起步阶段，当前主要开展了堤防安全监测技术以及堤防安全评估系统的应用研究。以长江流域为例，1998年特大洪水灾害后，重要堤防段、长江沿线的险点险段以及存在的安全隐患都得到了较好的治理。通过布设安全监测仪器，以便能及时准确获得堤防和穿堤建筑物的运行工况信息。目前，1000多个监测仪器已被布设在长江堤防及重要隐蔽工程中，为堤防工程管理与决策奠定了良好的硬件基础。此外，学者还在安全监测的基础上纷纷展开了堤防安全评估系统的应用研究工作。堤防安全评估与预警系统的研制开发，是通过对安全监测仪器采集到的数据，进行加工处理、结合相关理论，综合运用数据采集、监测、控制、存储、计算处理、安全评价及预测、通信等相关技术，实现堤防安全评估与预警功能。

3.1.2　堤防渗漏监测技术

随着科学技术的不断发展与进步，堤防渗漏监测的技术也在与时俱进，传统的监测设备已经升级换代，诸如测压管、渗压计等老式检测仪器早已退出了水利建设的舞台。渗漏监测技术从单一走向复杂，从估算走向精确，从断点式走向分布式，科技的飞速发展正悄无声息的改变我们的生活。

1. 传统的渗漏监测方法

传统的渗漏监测方法十分简单，也很方便，广泛应用于国内外的堤防和大坝。它们的广泛应用为电磁和电容等高精尖监测技术的出现奠定了基础。其中测压管是最为普遍、最为廉价、最为重要的监测设备，它可以进行渗透压力和地下水位的监测，在实际操作的时候往往可以进行人工比测，这大大增加了比测值的可靠性和准确性，但过多的人工介入导致监测结果易受破坏、费时费力、滞后时间较长。为了弥补测压管在施工过程中的不利因素，渗压计横空出世，这种专门测量孔隙水压力和渗透压力的传感器可以较为容易的实现遥控监测，大大减少了人工的介入，克服了时间滞后等不利因素，开启了自动化监测的道路。

2. 前沿的渗漏监测方法

（1）电探法。电探法顾名思义是利用电学参数的特性来探索堤坝渗漏的方法。当发生渗漏时，渗漏水可以改变介质的电容和电位差，通过电学参数的变化可以很快确定发生渗漏的位置、形态等关键信息，为抢险争取了宝贵的时间。基于直流电阻率来进行监测主要是由于堤防材料有一定的导电性，含水量高的材料导电率也会相应升高，此时绘制堤防电导率等值线图，根据电导率的变化规律，便可以很直观地了解到渗漏路径。直流电阻率法已经成功地应用于各堤防的探测实践中，效果十分显著。

对于东北地区松花江干流堤防，无论是大兴安岭支脉伊勒呼里山的嫩江，还是长白山天池的西流松花江，其江水主要来源都为大气降水，故矿化程度相对较低，电解质的浓度也相对较低。当有渗漏发生时，水渗漏到土壤中，土壤中固有的矿化物溶解到渗漏水里，导致渗漏水电解质程度飙升，电解质的变化随即带来电位的异常，通过设备在预先埋设的测试点可以轻松地捕捉到电位差，实现对渗漏的监测。

（2）示踪法。示踪法包括环境同位素示踪法和温度示踪法，所谓示踪法就是使用设备来捕捉到所利用化学元素的异常，通过这些异常来监测渗漏，而这些化学元素可能来自水体本身，或者是为了达到目的额外添加的。

3. 堤防渗漏监测的发展趋势和方向

根据前面所述，堤防、大坝等挡水建筑物的渗漏监测已然有了质的飞跃，这种飞跃离不开技术的革新和突破。就目前国内外的重大水利工程项目的渗漏监测这一环节，有如下几个研究领域炙手可热。

（1）温度示踪法。示踪法的原理前面已经叙述，温度作为渗流研究的天然示踪法现如今已获得国内外专家的追捧，但目前也只有少数国家利用该技术进行监测。它是一种基于地球物理学的探测技术，在探测以前将具有超高灵敏度的温度传感器埋设在堤坝的不同深度，渗流水决定了温度场，因为水的比热容很大，所以出现渗流水以后，导致区域内导热

性变强。

(2) 地质雷达探测法。地质雷达探测是通过向堤防发射高频电磁波，根据接收到的反射波的波形来判断堤防发生渗漏的空间位置，这种方法最显著的优点就是不受任何地形条件的限制，而且准确率、分辨率高，直观明了，但目前仍然有难题没有攻克，例如在探测时目标堤防反馈的波形图发生了变化，很难确定是由于渗漏导致的，还是因为堤防结构形态和介质性质本身发生变化而导致的，故该技术仍处于研究热点。

(3) 分布式光纤温度传感法。利用分布式光纤进行渗漏监测是如今新兴的一种监测方式，经查阅相关文献和咨询该领域内的专家可知，虽然分布式光纤测温已经很成熟，但利用该技术进行渗漏监测还属于探索阶段，并没有较为完整的一套监测体系可供借鉴。在国际上，美国、德国和西班牙是较早研究分布式光纤测温的，而国内直至 2002 年，首次由孙亚东提出。崔盈所研究的分布式光纤传感技术在松花江干流堤防渗漏监测中进行探索性的应用。

3.1.3 堤防隐患探测技术

堤坝安全监测与隐患探测相辅相成不可偏废。安全监测能揭示堤坝的长期运行规律和结构性态，安全检测能在短期内对堤坝的缺陷、隐患或险情进行局部或全面的现场检查。目前常用的探测方法主要有地质钻探、人工探视和地球物理勘探。其中，人工探视费时费力、探测效果差，地质钻探具有局部性和破坏性，两者均不能满足快捷、精细、准确和无损伤等要求。因此，地球物理勘探被认为是堤坝隐患快速无损探测的首选方法。

多年来，国内许多单位在堤防隐患探测方面进行了大量研究。1974 年，山东省水利科学研究所最早利用电法勘探评估堤段灌浆效果，1985 年研究出探测仪器及 5 种探测方法，形成了一套综合探测堤坝隐患的技术系统。其后，在探测仪器、探测方法和隐患形成机制等方面又有许多研究成果，例如：九江市水利科学研究所邓习珠等研制出 TTY－1 型便携式智能堤坝探测仪；徐广富提出利用自然电场法探测堤坝渗漏入口的设想；王理芬等研究了荆江大堤堤基管涌破坏机理；刘康和应用 K 剖面法探测堤坝隐患；葛建国等采用浅层地震反射波法探测堤坝隐患；陈绍求提出用双频激电法探测堤坝隐患；吴相安等对利用地质雷达探测堤坝隐患的有效性进行了研究；底青云、王妙月等将高密度直流电阻率法用于珠海堤坝隐患探测。

在堤坝隐患探测技术的发展过程中，黄河水利委员会、中国水利水电科学研究院、江苏省农科院、中南大学等单位均做出了重要贡献。黄河水利委员会承担了国家"八五"重点科技攻关课题"堤防隐患探测技术研究"；研制出 ZDT－1 型智能堤坝隐患探测仪，并获国家发明专利奖；研制成功分布式高密度电阻率探测系统，其技术指标和功能总体上达到国际先进水平，分布式电极转换开关和专用抗干扰电缆达到国际领先水平；编制实行了国内堤防隐患探测方面最早的一份技术规定《黄河堤防工程隐患电法探测管理办法》；进行了大量的堤防探测工作与开挖验证对比，总结出一系列宝贵的经验公式；采用数学地质处理手段及灰色理论对测试数据进行综合分析，有针对性地对异常堤段提出加固处理意见。中国水利水电科学研究院研制出 SDC－2 堤坝渗漏探测仪，并受水利部国科司委托进行了“堤防隐患和险情快速探测技术研究开发”项目研究。江苏省农科院完成的《坝基渗流场探测中多含水层稳定流混合井流理论与综合示踪法研究》项目，获国家科技进步二等奖；“智能化单井地下水动态参数测试仪”获伦敦与日内瓦国际博览会金奖。中南大学完成水利科技创新项目《流场法堤坝渗漏管涌检测方法及仪器研究》，成果属国际领先水平。

目前常用的地球物理探测方法包括电阻率法、瞬变电磁法、地质雷达探测技术、弹性波检测、核物理检测、流场法检测等。多年来，这些方法都得到了实际运用，取得了不少实践经验。黄委会利用电阻率法进行黄河流域堤防隐患探测近800km，特别是2001年对渭河近120km堤防进行的隐患探测，集合了国内各种先进的电法探测系统。探测的同时进行了大量开挖验证对比，总结出一系列宝贵的经验公式，探测规模大、成果丰富。我国从国外引进GPR已超过150台，广泛应用于浅层检测、堤身普查中，同时，还在堤身护坡浆砌石质量，闸基混凝土质量的检测等方面得到应用。

在堤防隐患监测方面，现有的堤防监测系统多是参考借用大坝安全监测系统的模式与方案，目前发展的方向是分布式与自动化。以武汉市谌家矶地区堤防上建立的分布式预警系统为例，其工作模式是在堤防上埋设传感器，采集站负责控制传感器，并将采集到堤防安全信息送到监控主站，监控主站对各个采集站进行管理和控制，发送和接收采集的信号、评价安全状况、报警、向远程信息中心（远程办公室或防汛指挥中心）发送数据。

堤防监测系统的关键技术包括传感器和安全评价模型与软件。传感器是监测系统的“眼睛”，其采集的信息能否真实全面地反映堤防实际状况，是监测系统顺利运行的基础。安全评价模型与软件是监测系统的“大脑”，能够根据传感器采集的信息分析堤防安全状况，做出预警预报。目前投入使用或研究使用的传感器包括振弦式和差动电阻式的渗流计、压力计等传感器，能够测量温度场、应变和渗压的光纤传感器，智能中子土壤水分仪等。由于堤防监测的研究时间不长、堤防结构复杂、各地堤防特点不一，还没有一种通用的安全评价模型和软件问世。

3.1.4　3S技术（河湖水域岸线管理上的应用）

应用3S技术开展堤防河湖水域岸线管理动态监控，可以实时、全面掌握河湖水域岸线动态变化情况，及时发现侵占河湖、非法采砂等违法水事行为，能够有效支撑河湖规划管理、日常巡查检查及空间用途管制制度的落实。通过在部分地区先试先行，河湖管理动态监控取得了一定的经验，但受高精度遥感影像获取难度大、管理系统开发应用技术难度大、运行管理成本高等因素的制约，尚未形成广泛应用的局面。

浙江省为实现“像管理土地一样管理水域”，从2012年开始开展了水域动态监测，利用航空影像和1∶10000省测绘基础地形数据，建立浙江省年度水域本底库。利用遥感和GIS技术，通过对不同时段的遥感影像进行比对，得到年度水域变化的相关信息，实现水域管理数字化、信息化和规范化。通过水域动态监测，实现了水域监管的时效性、正确性、主动性和震慑性，对各地非法占用水域，特别是地方政府无序占用水域行为形成了很大的威慑力。

江苏省着力强化空间管控能力，将18条重点流域性河道、12个省管湖泊和48座大中型水库纳入遥感监测范围，利用遥感解析比对和巡查管理信息技术，量化岸线的动态变化，强化了河湖空间管控能力，有效遏制了侵占河湖水域的行为，为湖泊科学治理和生态预警提供支撑。

湖北省为加强湖泊保护，保障湖泊功能，于2014年3月开始建设湖泊卫星遥感监测系统，采用优于6m分辨率的全色（光）影像图和优于2.5m分辨率的全色（光）影像图，对湖北省755个湖泊的岸线、保护区、控制区及湖体内进行监测和问题分析，从而及早发现危害湖泊的行为和水体变化情况。通过系统试运行及现场核查发现，该系统基本能对湖泊岸线、保护区、控制区及湖体内进行监测，及时发现疑似违法点。

此外，水利部珠江水利委员会和水利部太湖流域管理局大力推进水政监察遥感动态监测工作，为水行政执法工作提供了有力的技术支撑。

3.1.5 堤坝监控系统

在开发堤坝安全监测系统方面，工业发达国家特别是法国、意大利充分利用现代信息技术建立了较为完善的堤坝监控系统，其开发的监控信息系统在国际上有一定的影响力。同时堤坝安全分析评价和日常管理也越来越借助计算机网络来实现，通过监控中心的推理诊断，系统可在网上对各堤坝进行分析评价和异常诊断，并提出决策方案。

1. 国外情况

自20世纪70年代以来，意大利开发的堤坝安全监测系统在国际上一直处于领先地位。他们开发的主要监测系统有MAMS、MIDAS、INDACO、MISTRAL、DAMSAFE等。

在20世纪80年代初，意大利开发了著名的混凝土坝微机辅助监测系统MAMS，实现了数据自动采集和在线监控。它利用意大利结构和模型研究所（ISMES）开发的MIDAS安全信息管理软件进行管理。MIDAS是一个管理和处理监测数据的系统，系统有14个模块和8个配套的辅助程序，使用FORTRAN语言编写，可实现大容量监测数据的实时存储、更新、恢复和图形显示，还能建立统计回归模型、确定性模型和混合模型，并进行简单的对比分析，可被多用户同时使用。在20世纪90年代，意大利又相继开发了INDACO、MISTRAL、DAMSAFE等系统。

INDACO是一个模块化的自动化采集系统，可进行观测数据采集（包括采集数据、在线检验和超限报警）、绘制过程线、数据记录存贮、数据通信（标准电话线、广域网、无线通信、卫星等）、监测网的远程操作和维护等，数据采集通道数量可达1万个，采用IBM或兼容的386、486级微机，操作系统采用MS－DOS或IBM－OS/2。

MISTRAL是一个应用于结构自动化监测（专门处理自动化监测超界值）的专家系统，可提供大坝性态的在线解释，以减少对专家干预的需要。它是软件DAMSAFE家族的一员，采用产生式专家系统的开发模式，在MS－Windows平台上运行。MISTRAL与堤坝的数据采集系统相连接并进行实时操作，它对观测数据做检验并建立结构的解释模型，然后对堤坝的性态做出评价及过滤警报，它在屏幕上以图像表示评价结果及报警信号，用颜色表示对象的状态。在MISTRAL中有通信模块、评价模块、解释模块、数据库管理模块和人机界面等。

DAMSAFE是一个能够对结构进行安全管理的决策支持系统。它将人工智能技术应用于堤坝安全管理中并与国际互联网络Internet相连接，可通过共享专家的知识和共享分布于计算机网络上的不同种类数据资源来实现对大坝安全协调管理。DAMSAFE包括可提供数据库数据的信息层、基于Internet技术的综合层、用于管理、解释和显示数据的工具层。DAMSAFE提供了一个平台，用户通过这个平台可以访问不同数据库的资源，检索设计报告、图纸、照片、监测及试验数据以及专家对坝的评价等资料。DAMSAFE设置必要的对象并与计算机地区网或Internet网上的数据库或程序相连接。DAMSAFE可用专家系统来处理数据，它和一些不同种类的信息系统也设有连接的接口，这些系统有MIDAS（提供观测数据、数学模型）、KAL（提供物理试验数据）、DAMS（提供意大利各大坝基本数据）、ISMES（提供技术报告）等。DAMSAFE要求一台公共的具有Web浏览器的微机或工作站来供用户访问。

法国电力公司早期开发的堤坝监测处理系统管理着150多个堤坝的实测数据。该系统对监测数据进行检查时采用MDV模型方法，将统计模型的剩余量和效应量合并在一起重新构造一个一元线性模型，可直接对监测量的趋势性变化速率进行估计。该系统以发现结构性异常为主要目的，是一个较大型的堤坝安全监控系统。

可见，目前国外堤坝安全监控系统正在借助计算机网络及现代通信手段，通过建立区域性或全国性的堤坝群安全监控中心，实现数据的远程传输、远程分析评价、远程会诊反馈和远程决策，以及提供网上查询及报表发布等功能，对堤坝实现集中统一和高效的管理。

2. 国内情况

由于种种历史原因，我国的安全监控信息系统的开发研制较晚。在20世纪80年代和90年代初期，我国的安全监测数据分析处理主要采用离线分析，即对长期观测所得的监测资料采用回归分析法进行定量分析。

南京电力自动化研究院在国家“七五”科技攻关中开发研制了DSIMS大坝安全信息管理系统。该系统在DOS环境下运行，采用当时最高效的系统软件和语言开发分析软件，应用软件工程开发方法，集数据管理、在线监控、离线分析于一体，为水电站的大坝安全管理提供了强有力的工具。进入20世纪90年代以后，随着计算机硬件技术以及网络通信技术的高速发展，功能强大和界面丰富的Windows操作系统取代了20世纪80年代界面单调和功能简单的DOS系统。各科研单位和工程单位合作开发出了基于Windows环境下的大坝安全监控信息系统，例如：南京自动化研究院研制开发了DAMS大坝自动监测系统和DSIMS大坝安全管理信息系统，南京水文自动化研究院开发了DG大坝自动监测系统等。这些系统实现了观测数据的自动化采集和管理等一些功能，但缺乏在线分析、实时监控和综合评价等功能。近年来，一些科研院所开始开发具有综合评价和辅助决策功能的大坝安全监控专家系统。目前，国内的大坝安全监控系统已由单机系统发展到C/S结构的局域网监控系统，在一机四库（推理机、数据库、知识库、方法库和图库）基础上建立的大坝安全综合评价专家系统，应用模糊识别和模糊评判技术，通过综合推理机对这些库进行调用，将定量分析和定性分析结合起来，实现了对大坝安全状态的在线实时分析和综合

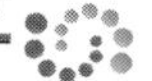

评价。例如：河海大学和原福建省电力局合作开发的“福建省水电站大坝安全决策支持系统”，北京水利科学研究院与黄河水利委员会合作开发的“小浪底水利枢纽工程安全监测系统”；成都勘测设计院、河海大学和中国科技大学联合开发的“二滩拱坝在线监控系统”等。在这些系统中将计算机网络通信技术和人工智能技术引入了大坝监测数据处理和分析评价中，取得了良好的应用效果。

部分单位开发工程安全智能巡检系统，选取典型区域和典型水库，开展堤防工程智能运维试点，并在此基础上逐步推广应用，提升系统运维能力、水平和效率。智能巡检的难点是研发软硬件一体化的便捷式智能巡检系统。

目前，个别堤防管理单位和流域堤防管理部门建有堤防管理系统，水利部大坝安全管理中心开展堤防工程信息管理的需求分析与应用研究。水利部堤防与病害防治工程技术研究中心通过收集七大流域典型堤防部分堤段的基础资料，基于 ArcGIS 平台，已经初步建立了堤防工程管理信息系统，目前还未建成区域性、全国性的堤防信息管理平台。

3.1.6 研究意义

由于不少堤防历史悠久，在原民堤的基础上经过历年逐渐加高培厚而成，堤基和堤身存在较多缺陷和隐患，防洪标准偏低。堤防又是保障建筑物安全和减少突发性灾害的一个重要屏障。而且影响堤防工程安全的因素众多，堤线较长、地层条件沿程变化大，采用常规传统监测手段很难达到预期的效果，因此实现堤防自动化和智能化监测具有重要的意义，自动化和智能化监测将大大提高雨情、水情、工情和灾情信息采集的准确性及传输的时效性，对其发展趋势做出及时、准确的预测和预报，为决策部门制定防汛抢险调度方案提供科学依据。

3.2 存在问题及原因分析

堤防具有堤线长、环境恶劣等特点。在堤防的日常管理中，由于缺乏有效的管理手段，工作人员为完成数据收集、记录和统计任务，要花费大量资金和人力。自动化和信息化系统的建立可以及时收集工程运行、管理和维护的信息，并基于各种应用目的对信息进行分析处理，同时为管理人员提供方便快捷的信息查询方式。管理信息化将极大提高堤防日常管理和维护的效能，满足管理部门办公自动化的需要。

3.2.1 堤防平均达标率偏低

堤防平均达标率偏低，以广东省为例，广东省堤防工程总长度虽达 2.21 万 km，但堤防平均达标率偏低，堤防平均达标率仅为 54.05%，达标率超过 70%的只有北江水系和珠江三角洲水系堤防，粤西沿海诸河水系堤防达标率为全省最低，达标率仅为 25.97%，不到全省平均水平的一半，堤防工程达标率与地区经济发展水平密切相关。目前，堤防及病险水库等工程仍需进一步达标加固。景丰联围、汕头大围等一批重点堤围尚未全部达标，沿海地区防台风暴潮的防御体系及海堤标准化建设滞后，海堤及大江大河主要支流堤防达标率较低，迫切需要达标加固。

3.2.2　岸线乱占滥用

由于对水域岸线的过度开发，长江干流下游部分江段岸线利用率接近50%，占而不用、多占少用、深水浅用等问题突出，一些城市附近的岸线几乎全部被占用。还有一些项目建在岸线保护区、自然保护区内，部分岸线甚至堆放大量固体废物，严重威胁防洪安全和生态安全。长江干流岸线保护利用专项检查发现，未依法办理涉河建设方案许可的岸线利用项目有2000多个，占项目总数的35%，主要是码头、取排水、跨穿江等设施，传统的监控方式存在一定的局限性，迫切需要引入新的技术进行管理。

3.2.3　采集体系建设不平衡

监测薄弱环节较多，缺乏现代化监测手段。自动监测站点布设疏密不均，数据类型较少。部分区域仍采用人工巡测，信息采集监测频次过低，不能满足精细化管理工作的需要。视频监测数据很少，开发利用不足，缺乏现代化的应急监测手段。

信息采集和存取滞后，视频监控、水位监测、水温监测、无人机巡航等信息采集方式缺失，进而导致防汛抗旱现场查险报险、指挥调度停留在人工巡查和被动应对的局面，基础河流的运行参数无法实时获取，无法形成高效的指挥调度大数据支撑体系，严重影响防汛抗旱业务的时效性和科学性。以黄河为例，黄河各河段均设有常年观测水位站，分遥测站和自记站。平水期每6h观测一次，洪水涨落期每2h观测一次。自记水位不稳定，需定期与人工观测对比。需要加大遥测水位站安设数量，利用互联网直接将观测数据传递到计算机，利用计算机处理观测数据，及时准确获得相关数据，各级同步分享数据。

巡堤查险仍以群防队伍为主，临、背河来回巡查，漏查现象难免发生；部分险工水尺需要人工观测，科技程度低，管理落后；照明仍采用发电机组，笨重且灵活性差；远程视频传输图像声音间断，影响防汛会商。新技术引进力度不足，防汛手段落后。

会商系统和综合业务管理系统建设落后，停留在满足基本的视频会议功能，无法实现与防汛现场的实时信息交互，更不具备大数据流、高频信息交换等业务保障能力，应对突发性防汛抗旱和水污染处理等问题方面能力不足。各单位存在信息化管理条块分割、信息数据各自存储的问题，缺乏统一的现代化治水综合信息管理平台。

3.2.4　探测技术存在的问题

多年的工作表明，应用地球物理方法在进行堤坝隐患探测时要注意以下问题：①深度浅，要求分辨率高，并要逐步向定量检测发展；②异常为非金属材料，与周围环境物性反差小；③要探测水下的异常体（地下水位以下）；④背景信息复杂，缺少正常场资料。

这些特点为堤坝隐患探测增加了难度。不论是以电阻率法、激发极化法、充电法为代

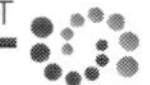

表的场分布法，还是以探地雷达为代表的反射波法，都存在分辨率与探测深度的矛盾。例如：由于体积效应，根据模型试验和理论推导，直流电阻率法用于堤坝隐患探测的最大垂向分辨能力（探测深度）深径比对二度体不超过 7/1，对三度体不超过 3/1；波前扩散、能量衰减、多次波及其他杂波干扰、介质不均匀影响等因素，严重影响着反射波法探测隐患的效果。

3.2.5 3S 技术应用面临的问题与技术难点

在开展水域岸线河湖动态监控工作方面，需要大范围、高精度、多时相的海量遥感影像数据，数据处理平台与应用系统开发和应用的技术门槛高、投入大，限制了 3S 技术在河湖管理中的应用。

（1）水域岸线管理对数据资源要求较高，基层管理单位难以获取。河湖水域岸线变化周期性强、变动幅度大，侵占河湖和违法采砂等违法行为在大尺度影像下难以发现，导致河湖动态监控对遥感影像数据的更新速度和精度要求较高。目前我国国产遥感影像仅有高分系列、天绘系列和资源三号等卫星遥感数据能够满足管理应用需求，考虑河湖动态监控实际需要，还需要采用高空航拍和无人机航拍等技术获取数据。基层河湖管理单位在向测绘部门申请数据时面临程序繁杂和耗时较多，且申请到的数据精度和时效性难以满足管理需求等诸多问题。

（2）3S 技术应用难度较大，基层管理单位技术能力不足。与水利行业其他业务领域不同，3S 技术在河湖管理方面的应用属于典型的大数据处理应用。3S 技术应用于河湖动态监控涉及遥感数据获取、存储、处理以及地图产品的生产与发布等环节，技术上涉及大数据密集计算、分布式空间数据的快速处理、影像数据快速检索、海量数据的快速传输、产品及服务的标准建设、应用系统的设计开发等问题，且目前市场上尚无成熟的河湖管理业务应用系统，基层河湖管理单位技术储备有限，技术能力无法适应 3S 技术的应用。

（3）运行管理成本较高，基层管理单位难以承担。

1）遥感影像资源获取成本较高。高精度遥感影像是开展河湖管理动态监控的基础，目前高精度遥感影像主要由外国公司提供，市场处于半垄断状态，价格高昂。以洞庭湖为例，高精度影像市场报价在 200～500 元/km^2，单时相洞庭湖遥感影像的市场报价需要近 100 万元。国家测绘部门可以提供低收费未经处理的原始遥感影像，需要应用单位自行处理或通过购买服务的方式进行处理，同样以洞庭湖为例，单时相遥感影像处理费用仍高达几十万元。对于以高精度、多时相为特点的河湖动态监控而言，遥感影像的购买或处理费用远超河湖基层管理单位的承受能力。

2）遥感影像应用系统开发成本较高。遥感影像应用系统开发需要以成熟的遥感影像处理及地理信息系统为基础平台，目前以上系统的市场报价在 100 万元左右。同时应用系统尚无成熟的软件面市，如果各级管理单位独立开发，势必带来低水平、重复开发及开发成本较高的问题。

3）系统运行环境搭建及运行管理成本较高。海量遥感影像存储和处理需要搭建与之相适宜的软硬件环境，仅硬件配置方面就需要配备专业超算服务器、管理服务器、磁盘阵列存储设备和千兆网络交换机等，市场报价在300万元以上。同时，考虑必要的软件、硬件、技术管理人员和场地等经费需求，数据处理平台搭建与运行以及应用系统开发一次性投入需要数百万元，远远超出基层河湖管理单位的承受能力。

3.2.6　大坝安全监测系统移植的适用性

堤防安全监测是保障建筑物安全和减少突发性灾害的一个重要手段。在监测方面，现有的堤防监测系统大多是借用和移植大坝安全监测系统的关键技术和设备。大坝和堤防在土木结构、隐患类型和隐患发展规律方面都有很大的不同，主要表现在：

(1) 形成和分布时空跨度大、范围广。许多堤防历史悠久、绵延千里，各堤段初始条件和边界条件存在明显差别，采用一般的人工监测方式不仅工作条件非常恶劣，而且在汛期江水水位猛涨的情况下，适时的监测工作量巨大，相应的分析计算难免滞后，难以及时察觉险情，堤防的迎水坡的稳定监测甚至根本无法实施。

(2) 堤防结构复杂，有许多穿堤建筑物。基础和材料多种多样，既有天然形成的也有人工填筑的部分，结构及其参数变异性大，小的结构破坏可能对整个堤段安全构成重要影响，上下游堤段间安全性存在密切联系。

(3) 地壳运动、冲刷和侵蚀、泥沙淤积等因素会改变河势和堤防分布，影响堤防稳定。

(4) 堤防本身的结构要比大坝薄弱、堤身质量参差不齐、堤身材料多样、隐患及出险部位众多、野外监测环境恶劣，而大坝坝身质量相对较高、坝身材料比较单一、隐患与出险部位比较集中、监测环境较好。

(5) 堤防的运行环境、出险类型和规模有其自身的特点，在高水位渗透作用和水位快速涨落作用下，堤防易发生管涌和崩岸等险情，与大坝的运行环境和出险方式显著不同。

由于以上特点，大坝安全监测系统并不能满足堤防安全监测的需要，并且给堤防监测及预警方面带来许多现实难题。以传感器为例，大坝监测多采用"点式"的渗压计或"线式"的光纤传感器。"点式"与"线式"传感器监测范围有限，一般仅在以传感器为圆心，半径1m左右的范围内。而在堤防监测中，监测盲区却是不可忽视的问题。由于经济和环境条件限制，光纤成本及安装条件较高，不适于埋设在堤防上。现有监测系统一般相隔几百米埋设一个"点式"传感器，传感器之间的几百米堤防就成了监测盲区，无法掌握这段堤防的安全状况。大坝的自动化监测技术可以借鉴到堤防监测中，但在监测物理量、监测布置、安全评价理论模型、预警系统的软硬件技术及工作方式等方面，都需要符合堤防的特点。因此，现有的借用大坝安全监测系统进行堤防安全监测只是权宜之计，必须研究开发符合堤防特点的专用监测系统。

3.3　堤防感知技术逻辑分析

针对堤防监测的状况，为改变巡堤靠人、监测靠眼、险情靠报的低效和被动局面，研究基于视频监控技术，结合长距离形变卫星遥感监测和无人机等技术，对堤内河湖水情和

堤顶道路、护堤地、穿堤建筑物、减压井等设施的人类活动和险情等进行监视的技术方案。利用物联网技术，研究提出廉价、低功耗、易布设、易替换的堤防安全运行感知技术方案，可对险点和险段安全运行进行感知；兼顾需要和可能，分析提出视频监测点和安全运行感知点等布设技术方案。

3.3.1　堤防管理信息化、智能化需求

要实现堤防管理信息化和智能化，首先要明确感知对象以及采集哪些信息，从湖北省河道堤防工程管理信息系统可知，系统功能涵盖河道管理、采砂管理、目标考核管理和行政机构管理、林业管理、工程管理业务功能模块以及项目管理、审核管理模块，涉及前端信息感知部分主要包括河道管理、采砂管理、林业管理和工程管理。河道堤防工程管理信息系统架构如图 3-1 所示。

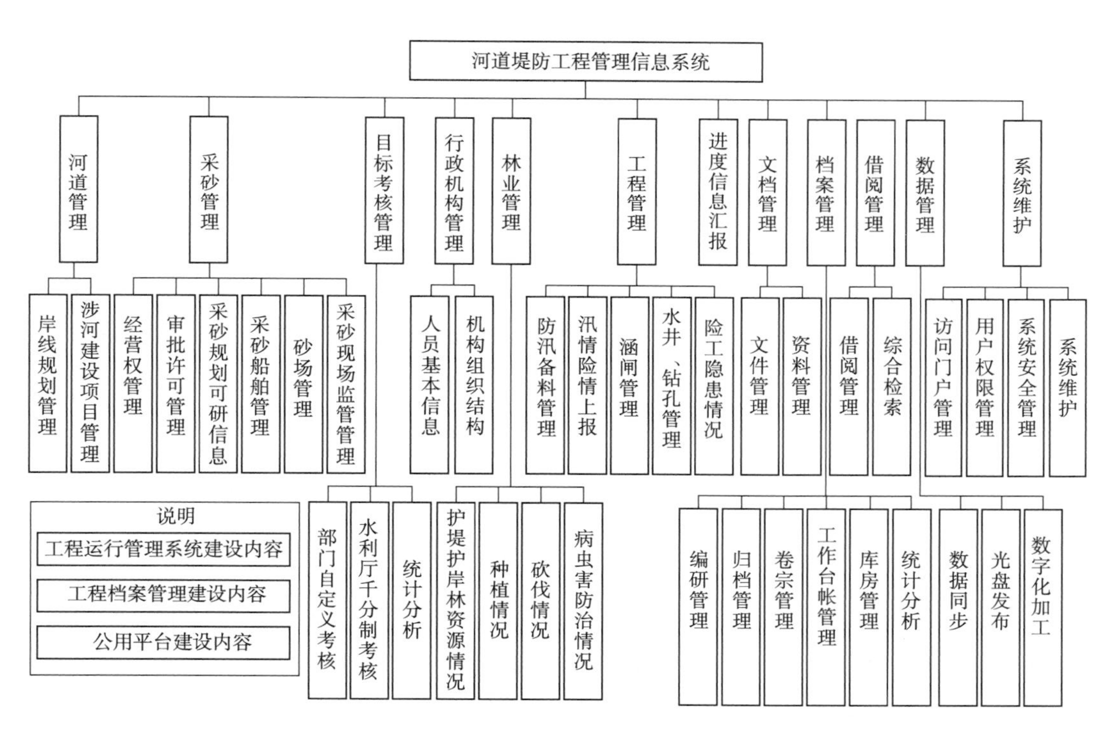

图 3-1　河道堤防工程管理信息系统架构

1. 建立强大的信息采集网络

基础信息采集网络是堤防信息化工程建设的最底层，主要是综合运用水情监测网站、险工段监测站、GIS、RS、GPS 及多媒体技术将堤防工程相关流域的水文、地质、工程运行安全状况、地形地貌等各方面信息进行数字化采集和存储，构建一个可视化基础信息平台。

堤防工程信息化建设需要采集的信息主要包括以下方面：

（1）堤防险工段及典型段监测信息。堤防险工段及典型段监测信息是堤防管理信息的核心组成部分，每年 4—5 月，堤防管理部门分县市派人检查险工险段情况，检查人员

将检查数据输入，存储于数据库服务器中，形成新的险工段及典型段监测数据，以便防办人员根据发现的问题，形成新一年的防汛预案。主要信息包括：险工险段代码、出险时间、所在河流代码、所在河段代码、所在堤防段代码、管理单位代码、管理单位名称、险工险段位置、出险地点桩号、河流险段类型、堤防险情分类代码、险情名称、险情级别、出险数量、险情描述、除险措施、除险效果。

主要监测项目包括：①堤基防渗工程的监测项目是渗透压力和渗漏量，堤身防渗工程的监测项目是堤身浸润线；②穿堤建筑物（包括堤防工程的水闸、交通闸口涵管、泵站路等）的主要监测项目主要有穿堤建筑物、地基及堤身接触面的渗流渗压监测，建筑物与堤身结合部位的不均匀沉降（垂直位移）监测和建筑物的变形监测，次要监测项目是建筑物的结构应力、地基反力、土压力监测等；③堤身及基础的变形监测项目：包括垂直变形、水平变形；对险工段还有坦石、根石变形（走失）监测；如有裂缝，还有裂缝监测；④对于抛投中护段、混凝土沉排体，主要监测项目是位移监测；对于混凝土墙体守护段，主要监测项目是位移或应力监测；⑤气象监测项目，包括气温、湿度、风速等；⑥设备安全监测项目（监控室及闸门等）是视频监测。

1）采集网格系统环境：①有市电，可靠性不能保证；②按有无线网络型号处理；③有简易房屋，主设备可安装在室内；④无人值守。

2）监测设备要求：①免市电、低功耗，可满足汛期持续一周阴雨天气条件下频繁测报水文数据要求；②防盗，包括物理防盗（如加固）、警告语音提示和防撬远程信息推送等；③通信可靠，可实现定时上传、事件触发上传和请求上传等多种传输方式；④采集频次和传输方式、频次可远程设置；⑤可本地存储半年内数据；⑥耐湿热、稳定可靠、易维护（非专业人员可维护）。

（2）实时水情信息。数据来自各自动监测站或上级三防办及同级的水情分中心。

（3）相关防洪工程信息。信息来源包括：河流、水库、水文控制站、蓄滞（行）洪区、湖泊、圩垸、机电排灌站、水闸、河道断面、治河工程、墒情监测站点、地下水监测站、灌区、发电工程等反映工程特征的静态图像、图形、声音数据及地理信息。

（4）社经综合信息。社经数据库是为减灾和抗旱系统服务，是有可靠数据来源的社经数据的集合，主要包括堤防相关流域的人口、耕地、房屋、公共设施、避洪工程和财产信息。

（5）防汛救灾物资信息。防汛救灾物资数据库主要为防汛提供信息支持，存储内容包括防汛人员信息、防汛部门信息、防汛抢险队伍信息、防汛文档、防汛物资、防汛实施组织和防汛经费等，还包括抗旱部门的信息如抗旱组织、抗旱文档、抗旱经费等。

（6）堤防巡视检查。

1）巡视内容包括：①闸门等可操作性结构工作状况；②设备设施状况；③大坝外形观测，如裂缝、沉陷、鼠洞、蚁穴等；④水库坝前坝后淤积状况；⑤边坡、岸坡有无冲刷、坍塌、裂缝和滑移现象。

2）技术手段：①便携式摄像、拍照（外观巡视）；②便携式观测设备（位移、沉降、

坝前淤积)。

3) 采集方式:①人工录入;②接口传输。

4) 采集频次:满足非定期采集需求。

2. 建立多目标应用层

应用层是堤防工程信息化系统的技术核心,它依托基础信息平台,以国内外近年在水情预测、险工段安全模拟预测、洪水风险分析预测等方面的科研成果为基础,结合现代高新技术进行综合开发,形成技术先进、功能完善、实用性强、又便于扩展和更新的具有决策支持能力的智能化综合分析系统。

堤防管理信息系统的应用功能可以包括以下方面:

(1) 堤防的日常管理与维护。堤防的日常管理及维护功能是堤防管理信息系统最基本、最重要的功能。其主要表现为一方面通过建立全面的、可更新的数据库(包括工情、地质、水情等)及方便的信息查询界面为管理人员的管理维护工作提供信息支持;另一方面充分利用现代网络通信技术,开发办公软件为管理人员提供网络办公平台,实现办公自动化;同时可以使堤防管理、工程维护信息公开化,为管理单位有效开展工作提供条件。

(2) 险工险段的安全评价。险工险段的安全评价功能不管是在日常管理还是汛期都会发挥重要作用。安全评价是通过对监测数据的分析处理来评价堤防运行的安全性,其可靠性除了依赖于监测数据的准确性,主要还取决于评价模型的合理性。因此在系统设计和研制中,一定要建立针对堤防具体条件和运行环境的合理的安全评价模型,目前主要研究渗流安全评价模型和滑坡预警模型。由于问题的复杂性,合理的安全评价模型有待于在堤防监测实践中摸索。

(3) 抢险及救灾方案制定功能。实现通过建立抢险模型,根据采集的出险信息,正确判断险情类别和严重程度,并初步制定应急抢险方案供工作人员参考;通过建立救灾方案模型,能根据所采集的险情和数据库存储的信息,制定最优的最及时的救灾方案,及时保证灾民的安全,使灾害损失最小化。

(4) 洪水风险分析与灾害评估。洪水风险分析与灾害评估功能是比较高级的应用功能。主要包括:洪水险情预测;受灾范围、影响程度、经济损失的评估和统计;洪水对生态环境、对社会的影响评价等。

3. 建立科学的决策系统

决策系统是构筑在基础信息和应用分析之上的智能化系统,它的主要功能是对堤防工程日常的管理维护以及汛期的防汛抢险提供综合信息,并为政府或其他相关部门提供各类公共信息。决策支持系统应建立在综合考虑政治、经济、社会等因素影响的基础上,结合各类应用分析模型计算出的数据信息和相关专家意见、法律法规和规章制度,对堤防的日常管理维修工作及汛期的抢险救灾方案进行综合评估,最终形成最优的和最全面的分析成果。同时,系统可将综合分析与辅助决策的成果以实时报告(如水情预报、洪水预报、堤防险情警报、抢险救灾资源调配建议方案等)和多媒体报警信号(如大屏幕指示、声光警报等)的形式进行动态输出,以供决策部门进行资源配置和管理参考,或将输出指令直接作用于可控自动化控制设备(如排涝工程等),通过有线、无线、远程控制技术对系统所涉区域内的重点防汛工程进行远距离的调节控制。

友好的人机交互界面是以直观的形象及不同的现场对话方式建立用户和计算机系统之间的联系，实现操作导航及交互结果的信息反馈。在管理信息系统中，人机交互界面应满足多样性、兼容性、有效性、便利性以及提供较好的帮助和错误信息提示。

堤防管理的查询系统一般可包括：

（1）地图显示和空间查询，用于流域、河系和堤防等地理数据的显示以及属性数据的查询。当用户在流域图上点击时，显示相应的河系图，河系图包括河系的干流、各支流、堤防线和滞洪区，分别以不同着色和符号表示，便于识别，可以进行缩放图、漫游图和全景显示，并在河系图上反映相关的防洪工程信息、社经综合信息、防汛救灾物资分布信息。

（2）堤防纵断面和横断面图的查询，当用户点击河系图上的某段堤防时，可以按任意比例显示出该堤防的纵横断面图和相应的堤防数据。图形中包含设计水位、堤防高程、历史最高水位、实时水位、堤顶宽度、临河边坡比、背河边坡比等信息。并且通过在堤防线上设置控制点，可以实时查询控制点所在险工段或典型段的安全分析信息及其他工程资料。

（3）文本信息查询也是查询系统的重要组成部分，通过点击查询或搜索可以查询系统中存储的各类信息，包括水情信息、气象信息、洪水预报信息、洪水风险分析与灾害评估信息、历次洪水信息及历年抢险信息等等。

（4）在以上功能的基础上，实现对流域内堤防、河流和流域的三维动态模拟。非常直观地显示出流域内堤防的各类相关信息，模拟堤防出险后可能发生的洪水险情，为防汛抢险提供信息支持。

3.3.2　堤防管理信息化、智能化对策

由于堤线漫长，地层条件和水流条件沿程变化大，采用一般的人工监测方式不仅工作条件非常恶劣，而且在汛期江水位猛涨的情况下，适时的监测工作量巨大，适时的分析计算难免滞后，难以及时察觉险情，堤防的迎水坡的稳定监测甚至根本无法实施。所以，为能够在汛期江水位暴涨之时随时了解堤防运行状态、及早发现险情，在重点堤段实现监测的自动化、智能化是发展趋势。大坝的自动化监测技术可以借鉴到堤防监测中，但在监测物理量、监测布置、安全评价理论模型、预警系统的软硬件技术及工作方式等方面，都需要符合堤防的特点，并且针对不同类别的堤防布设不同的方案，针对信息化、智能化的需要，提出堤防安全监测和水域岸线安全监测关键技术。

3.4　堤防监测关键技术

3.4.1　堤防安全监测

3.4.1.1　监测单元划分

由于中国堤防信息内容多，涉及面广且复杂，各个流域又有各自的特征，因此需要分

别建立系统的监测布控方案，可以有以下不同的划分方案：

(1) 按河流、湖泊及每个地方的海堤分别进行开发，这样条理清楚，但中国的江河湖泊众多，且其堤防建设也很不统一，这种方法不具有操作性。

(2) 按堤防的级别进行分类开发。由于有些河流很长，不同的河段堤防的级别也不一样，如黄河下游是国家一级堤防，而宁蒙河段堤防级别较低，因此，按堤防的级别分类，可能把一条河流堤防分成若干部分，不具有可行性。

(3) 按行政区域划分开发。即按北京、上海、河北、河南等每个行政区域管辖范围划分，进行系统的开发建设。同样，由于大多重要河流都跨越数个地区，因此，可能一条河流的堤防需要划分到几个区域，从而使有关河流堤防资料分散，失去可读性与系统性，这种方案也不科学。

(4) 按流域水系进行系统开发组织划分。这种方案可以使每条河流堤防的监测系统开发完整统一，而且把河流按水系流域归纳分类，也不繁杂，很具有操作性和科学性。

根据我国河流流域的划分，以及结合实际情况，堤防监控布设方案按照黄河流域、长江流域、淮河流域、海河流域、珠江流域、辽河流域、黑龙江流域、浙闽台诸河流域、国际河流流域（包括广西、云南、西藏和新疆）内流区流域、湖堤和海堤 12 个部分进行建设。

3.4.1.2 自动监测

随着信息化和自动化等科技的发展，堤防监测也正朝着自动化的方向发展。

1. 监测项目

除参照堤防有关规范和《土石坝安全监测技术规范》(SL 551—2012) 设立常规变形和渗流等监测项目外，设置水情自动监测（包括降雨强度监测）、白蚁和植被等生物监测、地震和滑坡、泥石流等地质灾害监测项目，对堤防安全监测也很必要。对于一个具体的堤防，应该根据该堤防的水文、地质、环境、堤身堤基隐患，选择确定适当的监测项目，在监测项目和布置上做优化设计。

2. 测点布置与监测方法

堤防监测应根据对应尺度的分析评价需要进行布置，由于许多因素的不确定性，应用风险分析方法需要综合考虑破坏模式、失事损失、可能性和最大可能失事部位及最敏感反映物理量等因素进行监测项目设置、测点布置和监测频次的选择，这对堤防多尺度监测具有重要意义。对常规尺度的测点布置与监测方法选择可参照土石坝监测技术进行确定，如特殊、典型和危险部位、敏感物理量的选取等。由于堤防轴线平行于水流方向，且水流是动态的，因此对其变形测量应考虑到三维情况，对渗流场的监测应考虑到滞后、精度与失真等问题。

3. 监测仪器和系统选型

堤防存在分布范围大、无人看管、正常情况下测值变幅小，异常时突变范围大，因此必须考虑仪器结构、监测精度、环境适应能力和抗破坏能力等。

(1) MEMS 固定式测斜仪（用于分层水平位移监测）。MEMS 固定式测斜仪通过不锈钢管与滑轮组件连接后，安装在带导槽的标准测斜管中，与测斜管同步移动，以监测边坡、滑坡体、堤坝、公路、防渗墙等结构的倾斜、水平位移或沉降变形。配合自动化数据采集设备，可自动进行连续监测。安装多个传感器，可获得沿测斜管轴向的挠度变形曲线。

固定测斜仪可安装在垂直的测斜管中，以测量结构的不同深度处的水平位移，并可选择双轴传感器。

固定测斜仪可安装在水平分布的测斜管中，用来测量大坝、填土、路基等监测剖面的不均匀沉降。还可安装在如堆石坝混凝土面板的斜坡面上以监测面板的挠度，并接受任意安装角度的定制。

（2）振弦式土体位移计（用于土体沉降监测）。振弦式土体位移计两端带有法兰盘，适合埋设在土体中测量填土、公路路基和堤坝的土体位移变形。将多支土体位移计串联使用可获取多个测点的水平位移；或通过灌浆或液压锚头锚固定在钻孔内，以测量钻孔的轴向变形；将其与固定式水平测斜仪配合使用，可获取剖面的水平与垂直位移曲线。单支仪器长度可在1～30m范围内选取。

（3）振弦式渗压计（用于渗压或地下水监测）。振弦式渗压计适合埋设在水工建筑物和基岩内，或安装在测压管、钻孔、堤坝、管道或压力容器中，以测量孔隙水压力或液位。主要部件均采用特殊钢材制造，适合在各种恶劣环境中使用。标准的透水石选用带50μm小孔的烧结不锈钢制成，具有良好的透水性。

（4）温度计（用于温度场监控）。温度计为埋入式设计，广泛应用于水工建筑物温度测量、混凝土施工温度控制及其他领域温度监测。仪器由不锈钢外壳、半导体热敏电阻和专用电缆组成，具有良好的防水性能、高灵敏度、高精度和高可靠性的特点。采用配套读数仪可直接读出摄氏温度值。

（5）振弦式量水堰计（用于堤防渗流量监测）。振弦式量水堰计适用于测量水堰堰上水头及其他需要对细微的水位变化进行精确测量的场合。采用振弦式原理制造的精密量水堰计，各种性能非常优异。主要部件均采用不锈钢制造，适合各种恶劣环境中使用。仪器带有一根通气电缆以消除大气压力对测值产生的影响。

（6）自动化数据采集仪。自动化数据采集仪测量系统由计算机、安全监测系统软件（软件需单独购买）、自动化数据采集仪（内置测量模块）、智能式仪器（可独立作为网络节点的仪器）等组成，可完成对各类工程安全监测仪器的自动测量、数据处理、图表制作和异常测值报警等工作。

系统软件基于Windows XP/7/8/10系统，集用户管理、测量管理、数据管理和通信管理于一身，为工程安全的自动化测量及数据处理提供了极大的方便和有力的支持。软件界面友好，操作简单，使用人员在短时间内即可迅速掌握并使用该软件。

自动化数据采集仪内置模拟测量模块，可测量振弦式仪器、差阻式仪器、标准电压电流信号、各类标准变送器类仪器和线性电位计式仪器。模块本身具有8/16个测量通道，可组成最基本的8/16通道测量系统。每个通道均可接入一支标准的仪器，通过安装多个测量模块，最多可实现40个通道的测量。内置智能测量模块时，可测量各类RS485输出的智能传感器。模块本身具有8个端口，每个端口可接入多支RS485输出的传感器，最大接入数量为40支，且所有端口接入传感器数量之和不大

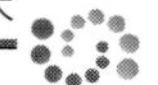

于40支。

电源、通信接口及每个测量通道都具有防雷功能，符合行业标准（DL/T 1134—2009）要求。

4. 通信和电源

为将上游堤防和水文情况及时通报给下游管理部门，必须考虑通信和电源的可靠性和实时性。可参照国家防汛指挥系统的做法，采用双信道通信方式以确保系统的可靠性。可选择的远程通信方式很多，如卫星、GPRS、GSM、微波和超短波等，而电源供应充分考虑现场的实际情况，如电源稳定性、雷击情况、日照情况等。一般情况下，无论是采用太阳能供电还是市电供电，都应考虑备用蓄电池，以免造成因电源问题而引起监测系统不能正常工作。

5. 系统集成

根据目前堤防监测实际情况，视频监视在取代特定区域的人工巡视检查具有不可替代的作用。同样，基于WebGIS的会商决策支持系统及基于GIS的洪水淹没三维仿真技术对防灾减灾和制定相应的风险规避措施也十分必要。另外，为实现大型堤防信息共享，方便数据查询，应采用元数据和数据仓库等技术。

6. 仪器设备安装

（1）在建堤防智慧感知体系建设。对于在建堤防，在堤防建设前就应该做好完善的工程设计和施工预案，提前预留好视频监控系统和堤防状态监测传感器的埋设位置，做好监测传感器的走线管道，保证堤防管理信息化系统硬件部分和堤防主体工程同时设计、同时施工和同时投入运行。对于堤防管理信息化系统软件部分，如：险情预警系统、地理信息系统整合应用、堤防基础数据库及操作系统等，应当及时研发应用。

（2）已建堤防智慧感知体系建设。由于已建堤防的工程施工早已结束，未为堤防的信息化建设预留位置和空间，所以对于已建堤防，应当具体情况具体分析，因地制宜地对其进行信息化建设和改造。

堤防沿线全程视频监控系统在已建堤防上实施较为便捷，因为每一个摄像杆为一个相对独立的视频监控单元，而且数据传输是通过远距离无线传输技术实现的。因此无须太多土方施工，只要在堤面沿线定点埋设即可。

但堤防状态监测系统的大部分传感器需要埋入到堤防内部，且传感器的传输线路无法在已建堤防堤身中铺设。因此，如何在已建堤防建设状态监测系统成为改造的关键。堤防状态监测系统的传感器大多为位移、压力、应力应变类传感器，传感器本身体积小，以细长型居多，因此可以采用钻探工具等，在不影响堤防自身安全的前提下，用很小的人工量和土方量即可将各类传感器埋入堤身。在此之前，需要在传感器的一端加装无线信号发射模块，并将其封装在外壳内。这样便可使得已建堤防状态监测系统的建立成为可能。

（3）固定测斜仪安装方式。垂直固定式测斜仪的安装（图3-2）是在测斜管安装完毕并具备条件后进行。为便于安装，应在测斜管管口上方搭设支架，并悬挂滑轮，用于安全绳的导向及承重。

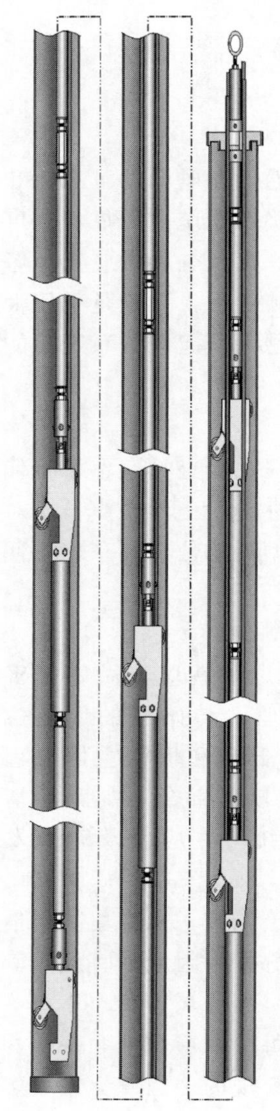

图 3-2　垂直固定式测斜仪安装示意图

安装前应对测斜仪所使用的零部件进行规划，并对部分零部件进行预装配，以确定连接长度。

安装时应从最底部的滑轮开始，并在与底部滑轮连接段的第一个或第二个接头处固定钢丝绳（配合钢丝卡固定），防止仪器在安装过程中落入测斜孔中。安装时将钢丝绳顺着连接管向上牵引，并一边安装一边释放钢丝绳。

安装传感器及滑轮组时应注意安装的方向，即保持固定轮所在的方向与传感器上标志的“＋”方向一致，同时在放入测斜管中时固定轮应与预期的倾斜方向保持一致。

所有仪器的电缆应沿连接管平行走线，电缆线推荐使用尼龙扎带进行帮扎，帮扎间距约 1m。电缆经过万向节位置时应预留少量弯曲量及拉伸量，防止变形后将电缆拉断。

所有仪器均引至观测站进行集中，并与相应的数据采集设备连接。

(4) 土体位移计安装方式。土体位移计安装如图 3-3 所示。安装完成后的一支土体位移计示意图如图 3-4 所示，多支这样的仪器组合连接即可组成（多点）水平位移计。

土体位移计用于测量钻孔的轴向应力和变形，最常用的安装方法是灌浆。水平方向的孔要向下稍作倾斜以便于灌浆并避免产生气泡。垂直孔要用专门的灌浆设备，某些环境下（如向上的垂直钻孔）需要使用抓环或液压锚头（需要定制）先行固定，然后再灌浆固定。

垂直孔的仪器安装要求：钻孔的深度应超出最深处法兰 0.5m。钻孔直径至少 75mm。孔内灌入水泥砂浆，水灰比为 1∶0.5～1∶1（必要时分两次灌注）。将传感器放入孔中，用杆将传感器推至电缆标示的正确位置。如果孔中放置的传感器不止一个，在放置浅层传感器时，要确保深层传感器的位置不变。

(5) 渗压计安装方式。

1) 钻孔成孔后下管，管径 50mm 即可，如需特殊情况，则 PVC 管下端钻花孔。

2) 花孔外用无纺布进行防护，以防止淤泥等进入。

3) 渗压计在埋设前先进行接线，透水石拆下后先进行浸泡。

4) 如特殊情况，渗压计需采用无纺布包裹细沙然后进行埋设。

(6) 量水堰计安装方式。如果是用于河流或量水堰，则需要设一个静止观测井（带隔栅的防污管）。静止观测井应装在水流相对平静区域内的铅垂位置，并以水位在浮筒上所在位置就位。

零位读数检查之后，小心地将组件放入静止井（钻孔）中，直到盖子牢固地安放在防污管的上部。

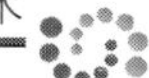

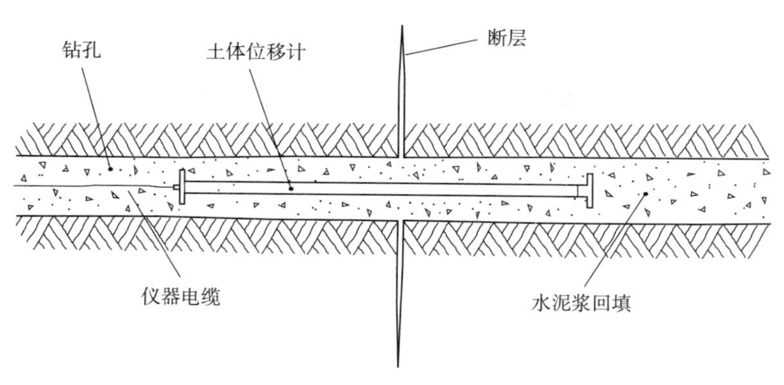

图 3-3 土体位移计安装示意图

图 3-4 单支土体位移计示意图

在钻孔内安装时，可根据悬挂材料（如铟钢丝）的长度，将量水堰计放到所需监测的位置，应保证传感器浮筒部分浸入水中，传感器不可浸入水中。

3.4.1.3 分布式光纤传感器技术

传感器技术是水利信息自动化采集的基础。因为堤防具有堤线长、环境恶劣、监测断面不多等缺点，因此堤防监测应尽量选择技术先进、使用方便、精确可靠、稳定耐久的观测仪器和设备。目前水利水电工程所用的传感器均是点式传感器，只能测取某点的变形、渗流、压力等工程参数，不适用全国范围堤防连续监测的要求。光纤传感器是近年来异军突起的一种新型传感技术，特别是分布式光纤传感系统，集信息传感与传输于一身，能在数百米至数十公里的一根光纤上获得连续分布的几十个至数百个被测参数，可以在一根光纤上实现多功能的动态、静态多种参数的监测。因此，将分布式光纤传感技术用于堤防安全监测是非常有价值的。

人们之所以将光纤与传感器相结合，无非是充分发掘了光纤的敏感性。光纤作为敏感器，它具有获取信息和传送信号的双重功能，显示出了独特的优越性，具体表现为：①体积小，重量轻；②抗环境干扰，防水抗潮；③抗电磁干扰（EMI），抗射频干扰；④具有遥感和分布式传感的能力；⑤使用安全、方便，兼具信号传送功能；⑥复用和多参数传感功能；⑦大宽带、高灵敏度。

1. 分布式光纤温度传感器的特点

将光纤技术拓展到温度测量领域是近些年来十分重要的课题，那是由于在国家的很多科研项目、工程建设中对温度的把握是重中之重，往往温度的测量与控制是关乎项目成败的关键节点。分布式光纤传感器具有抗强电磁干扰的特点，更为重要的是方便测量，仅仅通过一次测量便可以获取到整个被监测区域的影像，但通常这样的一次测量需要很长的时间。

分布式光纤传感器在工程实践中被广泛推广的重要原因是一条光纤通信线路可以携带数以千计的监测信息，这极大地节省了工程开支，成本大大降低。以松花江干流为例，地处祖国边陲，地形复杂，气候恶劣，选择分布式光纤传感器作为温度监测的元器件，是充分考虑其在恶劣环境下可以实现连续空间温度测量的得天独厚优势。

2. 光纤光时域反射原理

激光在光纤中发生全反射时会伴随着瑞利散射和菲涅尔反射，将反射光逆向传输以后，会发现反射光对一些物理参数特别敏感，诸如温度、湿度、压力等，将捕捉到敏感参数的光信号调制解调以后输出，以达到对待测参数进行预警的目的，这就是光纤光时域反射（OTDR），它是分布式光纤测温系统的理论基础，可用图 3-5 说明其组成温度传感器的工作原理。

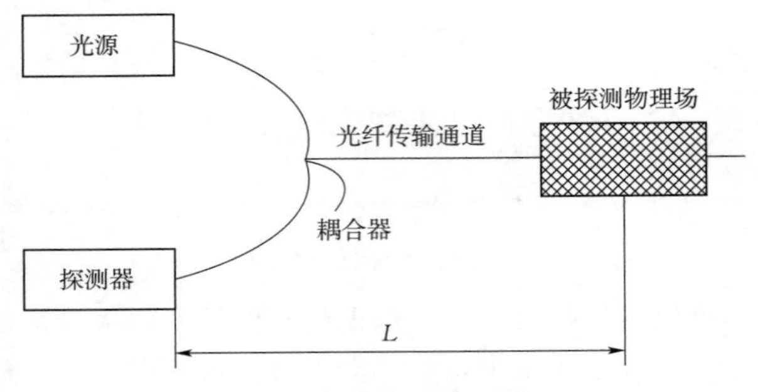

图 3-5　温度传感器的工作原理

根据图 3-5 所示可以看到，部分光信号的传播路径并没有改变，仍沿着原信道进行传播，部分光信号发生了路径偏移，部分光信号被探测器捕捉。

众所周知，光在均匀的介质中沿直线传播，但在光纤中无规律的全反射会产生散射，也就是瑞利散射，同时光纤介质并非理想介质，会存在个别不均匀的交叉点，在这些交叉点上会产生菲涅尔反射，OTDR 技术完美的捕获这些强度很高的反射光，并对其进行定位，来判断这些交叉点的具体位置。从某种程度来说，OTDR 技术类似于雷达，两者都是依靠事先发射出一个信号，然后再利用技术捕获反馈信号，最后分析反馈信号上所携带的信息。

3. 光纤拉曼散射原理

拉曼散射最初是由印度的物理学家拉曼发现，为了纪念他为科学所做出的贡献特将此类散射现象称之为拉曼散射。当光照射到物体表面时，物体会吸收一部分光的能量，分子在能量的驱动下发生不同频率、不同振幅的振动，与此同时发出较低频率的光，这一点和康普顿效应较为类似。物质发出的低频光谱可以反映出物质的特性，所以此时分析所捕获的光信号即可实现对物质的深入分析。在整个温度传感系统中，激光二极管发出光信号，经过双向耦合器作用以后进入系统，大致的原理如图 3-6 所示。

由于光纤介质的不均匀性，当外界有光进入光纤时必定会发生散射，但散射光的成分不尽相同，有瑞利散射光、拉曼散射光和布里渊散射光，其中瑞利散射对实验研究是没有意义的，该类型的散射对温度、压力等物理参数不敏感，布里渊散射虽然可以精准测量温度，但其对外界环境要求极为苛刻，会随着外界条件的变化而变化，不适合作为研究，故只有拉曼散射是最佳的选择。

以松花江干流温度监测为例，采用的是基于拉曼散射的分布式光纤测温原理，在这

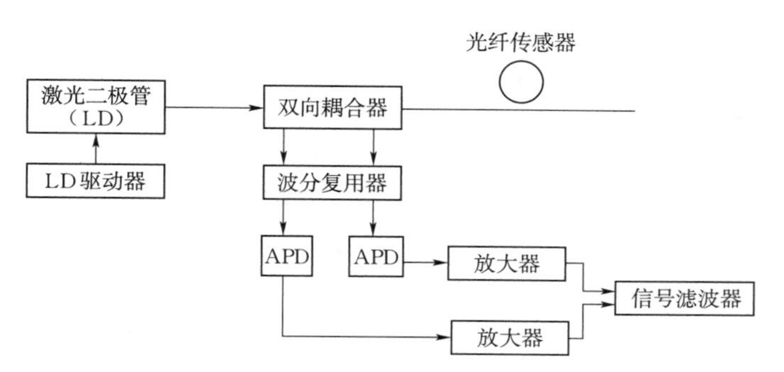

图 3-6 光纤拉曼温度传感器及其系统

里的分布式光纤测温结合了 OTDR 技术和拉曼散射原理，如前文所说，OTDR 可以捕获强度很高的反射光，并对其进行定位，确定了位置以后，拉曼散射原理对其温度进行量化。

总体技术路线如下：首先，分析堤防渗透破坏的力学机理，并初步确定分布式光纤的布设方法；其次，结合堤防渗透破坏机理，完成现场监测试验段踏勘，确定试验段的具体位置；再次，根据试验段堤防区域的地质、地理位置、环境条件等信息，制定试验段监测仪器设备的布设方案；最后，根据仪器设备布设方案，对需要进行的施工工作进行小结。

(1) 进行松花江干流堤防试验段渗漏连续监测实验研究（现场实验部分），具体包括以下步骤：

1) 步骤一，松花江干流堤防治理工程现场调研，选取合适的试验段，试验段光纤监测长度不超过 3km。

2) 步骤二，松花江干流堤防试验段仪器埋设，搭建监测系统。

3) 步骤三，开展松花江干流堤防试验段渗漏连续监测实验，监测一年时间，获取数据。

(2) 适于寒冷地区特殊地层环境条件的分布式光纤监测方法研究（室内实验部分），具体包括以下步骤：

1) 步骤一，松花江干流沿线堤防、堤基土质、气象、土层温度和地下水文资料调研，获取土样，检测土样相关材料和热学参数，为建立基于温度监测的分布式光纤监测方法积累基础数据。

2) 步骤二，高地下水条件下砂基、双层地基内分布式光纤渗流监测室内试验研究，为汛期监测指标体系和预警阈值研究奠定基础。

3) 步骤三，综合步骤一和步骤二的研究成果，结合松花江干流堤防和堤基实际情况，总结寒冷地区特殊地层环境条件的分布式光纤监测方案研究。

4) 步骤四，松花江干流堤防试验段渗漏连续监控指标体系和预警阈值研究（数据结果分析总结部分），依据现场监测数据，结合研究成果，建立松花江干流堤防试验段渗漏连续监控指标体系和预警阈值。

4. 堤防发生渗透破坏的机理分析

根据调研资料显示，堤身以及堤基的渗透破坏，尤其是散浸和管涌等是威胁堤防沿岸防洪工程安全性的主要因素。进一步需要分析造成堤防渗透破坏的力学原因，并且提出相应的渗透破坏监测方案。

根据工程地质勘察所揭示的堤防地基的地层结构，将堤基分成黏土地基、双层结构地基和砂层地基三种类型，双层结构地基发生渗透的可能性很大。

如图3-7所示，对于堤基位置附近，当水力坡降超过临界坡降时，就会发生渗透破坏，渗透破坏形式诸如管涌和流土等，前提是假设弱透水层均匀分布时，堤脚处的水力坡降最大，是理论上易发生渗透破坏的位置。同时，汛期水位上升时，水与堤防的迎水侧接触，产生稳定渗流，堤身的浸润线也随着汛期水位上涨而升高，此时堤防的背水侧由于渗流引发散浸、渗水以及漏洞等渗透破坏。

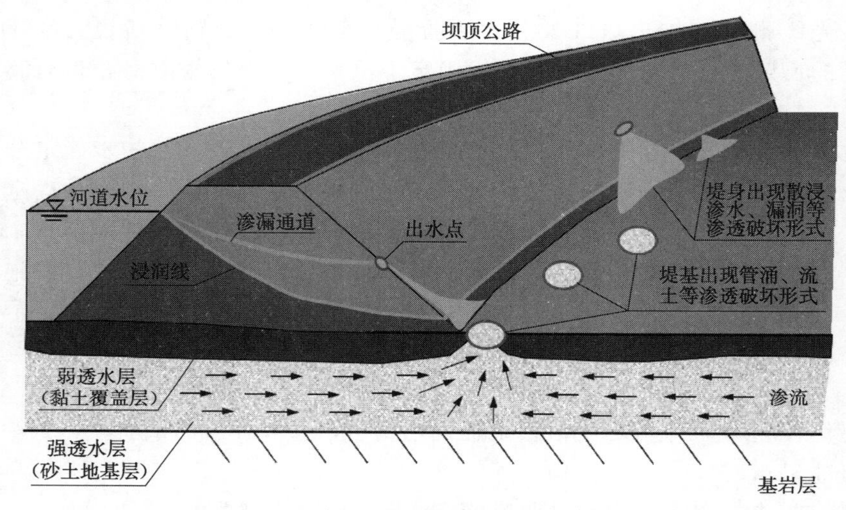

图3-7　双层堤基剖面及渗透破坏位置示意图

无论是何种渗透破坏形式，均会对堤防的整体安全造成严重的危害。由于堤防在轴线方向往往可以延伸到数百公里以上，纵深过长，无论是人力巡检或者是设置典型监测断面，均会在空间上存在很大的盲区，难以及时监测到渗透破坏的区域。因此，对堤防进行空间上的连续渗漏监测就显得尤为重要，也是分布式光纤能够进行连续渗漏监测的优势所在。

根据上述的理论分析，分布式光纤的布设原则即为：要充分覆盖到堤防在运行阶段可能出现的渗透破坏区域。因此，不仅需要在堤防背水侧的堤角附近埋设分布式光纤设备，用来监测堤基可能存在的管涌和流土等渗透破坏形式，同时，还需要在堤防坝体的背水侧边坡上埋设分布式光纤设备，用来监测堤防在运行期出现的散浸、渗漏等渗透破坏。

3.4.1.4　InSAR技术应用于变形监测

合成孔径雷达干涉技术（InSAR）是20世纪70年代中期出现的新型空间对地观测技术，可提取地形信息和地表形变信息。自从1993年Massonnet等利用InSAR技术检测到加州兰德斯地震的地表形变之后，该技术已经广泛地应用于城市地面沉降、矿山沉降、火山形变、水库堤防形变等地表形变监测领域，并取得了不少成果。

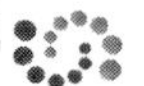

通过卫星可获得同一地点在不同时间点的图像数据，那么由这些图像获得的干涉图不仅反映了地面地形的信息，还包含了地面位移的信息，在包含有地形信息和地面位移信息的干涉图中由地面变化引起的干涉条纹与基线距无关，可以用差分的方法消除由地形引起的干涉条纹，从而获取地表微量形变。

差分干涉雷达量（D-InSAR）技术是利用同一地区的两幅干涉图像，其中一幅是通过形变前的两幅SAR获取的干涉图像，其干涉相位只包含地形信息，另一幅是通过形变前后两幅SAR图像获取的干涉图像，这两幅SAR图像所形成的干涉纹图的相位既包含了区域的地形信息，又包含了观测期间地表的形变信息，其中由地面高程引起的干涉条纹与基线距有关，而由地面变化引起的干涉条纹与基线距无关，所以可以通过两幅干涉图差分处理将地形干涉相位去除掉，从而获取地表微量形变。通过与其他观测技术结合，理论上D-InSAR可以得到毫米级的地表形变精度，应用中由于各环节的误差，其精度可达到厘米级。

利用免费C波段Sentinel-1（1A/1B）雷达影像，来计算堤防表面沉陷形变量及时序变化，达到对沉陷或移动等的监测。

PS-InSAR系利用永久散射体进行沉陷或移动等监测。而永久散射体多为人工构造物、岩石裸露地等不易变动且具有高时间相关性，可作为PS点，且在经过地形效应率除及相位解缠后，可获得精密的地表变动量。根据此技术，可用来做河道的长期河道冲淤监测或河道被盗采行为改变区域地形资料等监测。

利用两幅以上不同时间的SAR影像进行干涉计算，由相位差在除去其他因素影响后，以获取地表的三维信息。信息取得后，可进一步进行堤防的防灾与预警之使用。

3.4.2 水域岸线安全监测

河湖管理信息化是维护堤防和河湖水域岸线秩序的必然要求。

近年来，一些地方在发展过程中，忽视河湖保护，违法围垦湖泊、挤占河道、蚕食水域和滥采河砂等问题突出，严重威胁着防洪安全、供水安全和生态安全。受制于河湖监管手段落后等原因，涉河违法水事行为发现难、打击难，涉河执法成本居高不下，违法水事行为屡禁不止。以长江流域打击非法采砂为例，据不完全统计，2015年沿江5省水行政主管部门出动执法人员13.3万人次，执法船1.35万艘次，执法车1.76万辆次；北京市拆除涉河违建项目7万m^2，清理垃圾渣土、淤泥70万m^3；江苏省实施退圩还湖，目前已退出被占用的水域近200km^2；江西省累计排查出损害河湖水域环境问题1963个，整改率达97.3%，部分河流生态环境显著改善，绝迹20多年的鱼类大量回归；福建省清理河道违章建筑弃土弃渣、洗砂制砂和餐饮娱乐场所2129处，整治小流域60条，治理河长1126km，清退养殖网箱1.1万口、养殖面积40万m^2。河湖管理是水利社会管理的核心内容，是确保河湖资源可持续利用的重要工作，是当前水利工作的一项硬任务。河湖管理信息化建设可以有效提升河湖监管能力和水平，是维护河湖水域岸线的必然要求。

由此提出基于视频监控技术，结合3S技术和无人机等技术，对堤内河湖水情以及堤顶道路、护堤地、穿堤建筑物、减压井等设施的人类活动、险情等进行监视的技术方案。

3.4.2.1　水域岸线管护

1. 水域岸线保护与节约集约利用

制定岸线保护与开发利用规划。推进岸线保护区、保留区、控制利用区和开发利用区划定工作，禁止不符合河道功能定位的涉河开发活动。

落实岸线分区管理。强化岸线用途管制和节约集约利用，严格控制开发利用强度，保持岸线形态。沿岸产业布局应与岸线分区要求相衔接，并为经济社会可持续发展预留空间。

严格河流水域空间管控。严格执行工程建设方案审查等制度，加强跨河、临河建筑物和设施建设项目的管控，涉河项目建设必须符合相关规划并进行科学论证。

2. 划定管护范围

制定划定工作方案。制定河湖管理范围和水利工程管理与保护范围划定工作实施方案，明确工作内容、实施安排、经费保障等。

落实管理范围划界确权。按照“轻重缓急、先易后难、因地制宜、分级负责”的原则，加快河湖管理和保护范围划界确权工作。

3. 整治岸线突出问题

侵占河湖岸线现象专项整治。针对侵占河湖水域岸线现象，开展非法码头、非法堆场、违章建筑及其他问题专项整治，打击违法侵占岸线现象。

4. 加强河道采砂管理

健全采砂管理体制机制。落实采砂管理地方政府行政首长负责制，完善综合治理体系，开展非法采砂专项整治，统筹打击非法制造改装船只、整治非法堆砂场、取缔非法采砂船只等，强化采砂管理。

3.4.2.2　视频监控技术

对重点堤防沿线全程设置室外高清晰一体化球形摄像机，汛期24h实时监控重点部位汛情、险点和坡岸情况。由于堤防沿线长期处于江边，空气湿度较大，加之风吹雨淋，因此对摄像机的质量提出了较高要求，必须满足以下要求：红外夜视功能，保证在夜间至少可以清晰地识别人脸；高清晰度，一旦限宽墩、限高杆等水利设施被破坏，可以清晰录制、识别破坏的人员和车辆；录制格式小，采用高码率格式，在保证高清晰度的前提下占用较小的空间，使沿线监控资料可以保存的数量更多，保留的时间更长；对河流水面视频动态监测，识别水面漂浮物、识别漂浮物面积大小。用太阳能供电系统为堤防监测系统供电。通过对太阳能供电系统安装支架的改进，使设备易于安装；通过使用智能型MPPT太阳能控制器和纯正正弦波逆变器，实现了对太阳能供电系统的实时监测和远程控制，确保了防洪工程监测、监控等系统的稳定运行。

随着多媒体视频技术和AI的发展，视频监控系统已在水利行业中有着广泛的应用，在水利信息化、现代化中起着至关重要的作用。堤防监控的智能化也在视频监控中得以体现：

在开河封河防凌期间，利用智能分析的移动侦测功能，对某一特定水域的冰情进行区域监视。

当其冻结或融化产生位移时，画面就会弹出提示，工作人员可根据现场实际情况进行

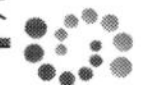

分析，提高决策的时效性。

全自动多方位采集数据，与现有水雨情监视、水闸监控、配电监控、水工安全监测、视频监控等系统实现无缝对接，与原系统使用的专业软件兼容，全自动采集动态监控数据。

预警预报，系统可以通过设置，对行政区内的所有水库、河道、雨量站进行全天候预警监察，并可以对分级水位（如警戒水位、控制水位等）或分级雨量（如大雨、暴雨、大暴雨等）实行分级自动监视。对于达到预警值的监视结果在系统中通过图形和声音的方式进行警示，从而提高“三防”信息传递的及时性和有效性。

水政违法易发水面（非法采砂等）、排污口、取水口、断面、水位尺、各类水文站站前安防、站内设备、河道沿岸（易发生游泳、垃圾倾倒、垂钓等区域）、水体污染易发水域。

为了使视频监控系统更加高效地发挥其在堤防运行管理中的重要作用，系统采用高清监控技术，使图像清晰度更高，在水利工程的一些重要监控点可获取高清晰度的监控画面，能更清楚地呈现图像细节。同时，将引入智能视频监控系统，对多种行为进行视频分析，对不同的运动物体进行个性化识别，实现全天24h在线工作，使运行值班人员的工作强度大大降低。如若在监控画面中发现异常情况，能够及时发出警报并记录相关信息，从而更加高效地协助安全人员迅速处理危机，并使误报和漏报情况最大限度地降到最低。完备的录放像管理可以支持对录像文件进行图形化显示，录像时间表实现基于时间轴的图形化显示，不同的颜色显示不同类型的录像。

3.4.2.3 无人机多维遥感集成应用

将激光雷达（LiDAR）、可见光、红外、紫外、高光谱等传感器集成，在突破多维遥感信息同步采集与融合处理技术、一体化吊舱集成、超精细遥感成像等关键技术后，形成集成了多种遥感传感器的无人机多维遥感集成系统，改变了当前无人机遥感多为单一传感器、自主定位及成图精度不高的局面，可广泛应用于基础测绘、日常巡线管理、资源调查、应急遥感服务等多个领域。

（1）多维遥感信息同步采集与融合处理技术。通过采用多传感器时间同步控制，并建立统一的时间、空间坐标基准，可实现时间维、空间维、光谱维中光学、激光、红外、高光谱等遥感数据的融合处理，充分发挥多源遥感数据优势，扬长避短，得到可靠的处理结果。

（2）一体化吊舱集成技术。集多类型光学相机、激光雷达、高光谱相机、红外热像仪、紫外成像仪、视频摄像仪、高精度定位定姿系统及稳定平台于一体，突破了载荷轻小型化结构设计、高精度姿态稳定和抗扰动技术，可实现微弧级高精度姿态控制。

（3）超精细遥感成像技术。通过高精度控制与跟踪技术克服现场传感器高精度自动跟踪、准确对焦等难点问题，实现感兴趣目标自主、超精细遥感成像，成像分辨率可达1～2mm。

（4）高精度集成检校技术。在室内和地面检校场，建立以成像传感器、GPS/IMU为基础的联合检校模型，检校内容包括 LiDAR、可见光数码相机、高光谱相机等传感器与 GPS 天线偏移差，以及传感器与 IMU 视准轴照准偏差等，确保无地面控制点情况下所获取数据的几何定位精度。

(5) 智能化多维遥感任务规划技术。针对不同任务下的多目标和多传感器的无人机的航迹布设，依托高精度数字地形模型或数字表面模型，可实现智能化超低空飞行时障碍物避让、变基线相机曝光点布设以及无人机通信信号覆盖范围自动分析与中继点布设等。可实现最小航程/航时下遥感任务的最优规划，提高作业效率，降低成本。

除以上技术外，一些政策性的方针也可以实施。

(1) 出台加强河湖管理信息化工作的指导意见，明确河湖管理信息化工作要求。以现有水利普查数据为基础，充分利用遥感、空间定位、卫星航片和视频监控等科技手段，用 3～5 年时间，建成三级部署（水利部、流域机构、省级)、五级应用（水利部、流域机构、省级、市级、县级）的河湖管理信息化体系。在此基础上，以主要江河和敏感河段为重点，开展河湖水域岸线动态监控和分析，为加强河湖管理工作提供技术支撑。

(2) 建设国家级河湖水域岸线地理信息数据平台，规范化批量处理遥感影像。组织建设国家级河湖地理信息数据平台，规范遥感影像的处理标准，实现遥感数据规范化批量处理、统一获取、统一处理和因需分发，避免数据平台低水平重复建设和数据生产的不规范，降低数据获取与生产成本。一是充分利用与国家测绘部门的战略合作协议，努力争取获得高精度、多时相并且满足河湖动态监测需要的遥感影像数据，进行遥感影像数据储备；二是高标准建设国家级地理信息数据平台，开展遥感影像处理，提取河湖动态信息；三是指导流域管理机构和地方水行政主管部门积极开展基于遥感影像的河湖管理工作，按需分发遥感数据。

(3) 开发河湖动态管理监控系统，规范系统规格，确保通用性。通过水利部相关部门牵头组织开发河湖动态监控通用系统，降低系统应用成本，避免低水平重复开发及系统难以兼容的问题。一是以加强河湖动态监控，打击非法采砂和侵占河湖为重点，深入研究分析河湖管理的重点和难点，明确河湖管理信息化建设的目标和任务；二是高规格研发河湖管理动态监控通用系统，满足不同层级河湖管理主体的业务需求；三是引导各级河湖管理机构积极应用动态监管系统，扩大河湖管理动态监控系统应用范围，提升河湖管理水平。

(4) 建立 PPP 协作模式，引入社会资本开展战略服务合作。河湖动态监控系统应用对遥感数据的存储、处理和分发等技术要求较高，可以利用水利遥感应用需求广泛的优势，优选地理信息服务商，开展 PPP 战略服务合作，即水利部提供遥感影像，地理信息服务商提供技术与服务，包括系统平台建设、应用系统开发、数据处理与发布等服务。一是可以保证数据资源的充分开发利用；二是可以充分发挥社会资源技术水平高、质量高和效率高的优势；三是能够调动社会资本进入水利行业，有效降低政府投资压力。

3.5 小　　结

本章介绍了堤防监测技术的发展及应用现状，并介绍了在水利应用中存在的问题，通过分析现状应用中的问题与新技术的发展趋势，提出基于视频监控技术，结合卫星遥感监测和无人机等技术及二者集成的堤防监视的技术方案，提出利用3S技术，进行水域岸线安全监测技术方案。

第4章

旱情立体感知技术

对感知要素的准确及时采集和传输是全面提升水利信息化水平的基础，将传感器、无人机、电子遥感和工控设备监控等先进的物联网技术运用到智慧水利感知要素的信息采集和传输中，利用物联网技术的先进性和实时性，推进水利信息化建设，从而带动水利现代化，并实现国家大数据战略。其中旱情立体感知是“水利工程补短板、水利行业强监管”中感知要素信息采集的重要组成部分，是“强监管”的需要，也是感知要素中的“短板”。

旱情立体感知技术部分偏重说明对土壤墒情的感知，简要提及对气象、水文和生态等旱情要素等的感知情况。土壤墒情感知是指定点定时对土壤含水量及地温进行测定，及时了解土壤水分过多、适宜、缺少与严重缺乏等情况的一项经常性的农业基础工作，是农作物“三情”（苗情、虫情、水情）监测的重要内容之一，目前主要的感知手段是地面墒情监测站点。

4.1 旱情感知现状

我国旱情监测虽然起步较晚，但经过多年努力，国家防总、水利、气象、农业和遥感等部门相继开展了旱情监测评估相关研究和信息化建设工作，初步实现了旱情信息的自动采集和处理，显著地提高了我国旱情立体监测水平，但与旱情综合智能立体感知需求还有一定的差距。

4.1.1 旱情感知站网及感知能力

4.1.1.1 地面站点建设

在地面站点建设方面，在国家防总和水利部等相关部门的共同推动下，水利部门建立了各类水文基本监测站，形成了基本的信息传输体系，规范了旱情数据库建设。截至2017年，全国水文部门共有各类水文测站113245处，其中包括专用水文站3954处、水位站13579处、雨量站54477处和蒸发站19处、墒情站2751处、水质站16123处、地下水站19147处和实验站47处，向县级以上防汛指挥部门报送水文信息的水文测站有59104处，发布预报的水文测站1565处。加上国家防汛抗旱指挥系统一期和二期工程建设的2844个中央报汛站，构成了水利部门的基础旱情感知终端体系。其监测指标/感知要素有降雨量、蒸发量、土壤墒情、水位、流量、地下水位、水质和气温等。从感知能力上分析，降雨量监测站点54477处，加上水位站和水文站的雨量监测项目，雨量和水位等要素自动监测率达90%以上，98%的报汛报旱站水情信息可以在15min到达水利部，基本能满足大中流域水雨情监测需求，可感知到各大江大河和重要支流监测断面以上的游流域面上的干湿情况，但土壤墒情、地下水位和水质站点稀少，不能监测气象要素，特别是预测的天气情况。

气象和农业部门也建立了气象和土壤墒情及农作物信息监测站网。气象部门重点关注天气情况，建有824个国家基本站、4万多个自动气象站、多套天气雷达应用系统，可实现3天以内的降雨精准感知。农业部门重点关注农作物旱情，据全国农业技术推广服务中心全国土壤墒情监测系统网站资料显示，全国土壤墒情监测站点共3698个，该系统从

2009年开始建立，已经有各级用户1000多个，接收数据300多万条。通过共享农业部门的土壤墒情站实时信息，遥感部门反演的土壤墒情、植被植数、温度指数、缺水指数和水深信息，水文地质部门的地下水位信息等，可实时了解土壤、植被和水域等下垫面的水量状况。

此外，水力发电厂和集控中心等利用卫星通信功能，如海事卫星、通信卫星和北斗卫星等建立了多套水情自动测报系统。特别是北斗卫星通信系统，自2002年年底将北斗卫星通信系统在偏远水文站点投入应用以来，因其具有体积小、没有雨衰、通信速率高等特点，其性能全面优于通信卫星、海事卫星等通信方式，我国水利、水电领域将其引入到水文自动测报系统中，基本解决了我国众多高山峡谷、荒漠边陲及国际河流水文信息的采集与传输的需要。该系统目前广泛地应用于国家防汛指挥系统工程124个水情分中心项目以及各流域200余个水电站水情自动测报系统中，全国已完成建设的系统中共使用超过3000台套北斗卫星终端设备。通过对这些卫星通信终端设备的使用，大大加强了偏远地区、小流域和水库电站等水情信息感知的能力。

从现有旱情感知站网情况可知，对气象和水文旱情要素的感知能力相对较强，基本能做到大江大河、重点区域/流域、主要城区和中型以上水库电站流域的全覆盖。而水利部门土壤墒情站点2751处，农业部门的土壤墒情站点3698处，加上国家防汛抗旱二期工程即将建设的28个旱情试验站（分中心），与水位和雨量站点相比，土壤墒情站点仍显稀少，地面站还远不能达到监测全国农作物旱情的要求。

4.1.1.2　低空旱情监测

在空中旱情监测方面，主要利用气象雷达探测获取天气现象回波照片、图表和数据等，预测短期（0～12h）天气情况，是降水预报的重要依据。我国从20世纪90年代后期开始建设的新一代天气雷达网，在灾害性天气监测和预警服务方面发挥了重要作用，现在已基本建成了我国新一代天气雷达网，开展了新型气象雷达研究试验。截至2016年底已经完成了全国233个新一代天气雷达观测站点的建设（其中新疆、山东、内蒙古各13个，河南12个，黑龙江、江苏、广西、广东、湖北各11个，湖南、四川、安徽各10个，山西、江西、浙江、贵州各9个，山西、云南各8个，吉林、福建各7个），由中国气象局统筹建设的X波段天气雷达共有42部，由地方自主建设的X波段天气雷达约200部，完成了3部天气雷达的双偏振升级改造。目前我国天气雷达近地面1km的覆盖范围约220万km^2，中东部地区单点雷达站间距一般在150～200km左右，西部地区单点雷达站间距为250～300km左右。

根据《气象雷达发展专项规划（2017—2020年）》，在气象服务重点区、灾害天气频发区、东南沿海地区和“一带一路”沿线重要区域，将增补37部双偏振新一代天气雷达；在苏皖平原、珠江三角洲、长江三角洲和江汉平原等龙卷风、强对流时有发生的地区，如江苏阜宁、湖北监利等，将建设25部左右X波段局地雷达，开展重点区域X波段天气雷达局域组网业务观测，补充新一代天气雷达的观测盲区。并将进一步提高山区、城市等特殊地形区和关键区的暴雨探测时空分辨率和对小尺度天气的监测能力；提高探测精细化程度，较准确识别降水类型和精确探测灾害性天气系统的内部结构等。

4.1.1.3 高空遥感旱情感知

在高空旱情感知方面，主要利用遥感卫星数据间接感知旱情变化，如利用对旱情/植被指数的遥感监测、大范围同步土壤水分反演和蒸散发等关键水文要素、农作物信息快速获取和抗旱水源地监测等。近年来我国遥感卫星发展速度较快，在轨运行卫星已达140颗，数据质量持续提高，目前，水利部已全量实时接收资源卫星中心自动推送的高分一号和环境减灾等卫星数据；还可根据需要通过资源卫星中心网站提交其他高分卫星数据订单，准实时接收所推送的数据；通过合作协议还可获取北京二号和资源三号的卫星数据，以及购置国产商业卫星或国外卫星数据。截至2018年，水利部水信息基础平台数据中心共接收GF-1数据1040444景，存档354997景，接收数据量449TB，存档数据量167TB（表4-1）。后续还将加快环境减灾小卫星发射应用，推动在轨“4+4”星座建设，提高遥感数据获取和应用能力，进一步完善旱情立体监测体系。

4.1.2 旱情感知手段和技术应用状况

水利部水信息基础平台遥感数据接收情况见表4-1。

现有的旱情要素感知手段包含各类传感器、计量/检测手段、雷达技术和遥感技术等。蒸发量测量需要在蒸发站内设置蒸发皿（不同型号），作物/植被冠层温度测量需要红外测温仪，地表温度测量需要特制的地温表（传感器），土壤墒情测量需要固定墒情监测站和移动墒情监测设备等。空中气象雷达旱情感知主要利用通过监测获取的图像、图表和数据等来判断未来降雨信息，在短期气象感知和预测方面发挥着重要作用。高空可以采用遥感卫星数据反演的手段来感知地面土壤墒情、水面面积、植被指数和蒸散发量等，按遥感测量手段可分为光学遥感（高光谱、多光谱）、被动微波和主动微波。

基于土壤水分监测的卫星遥感产品也相应地应用到旱情监测业务中。目前，国家气候中心联合国家气象卫星中心及中国气象科学研究院等单位进行每周一次的联合干旱会商会，参考土壤墒情和遥感旱情监测结果，发布旱情监测和预警公报。农业部门采用热惯量法和植被供水指数法进行全国范围内的土壤水分反演，进行农业旱情监测。遥感部门利用可见光、热红外和微波遥感数据对土壤含水量反演模型进行了深入研究，在区域旱情监测上取得了一定成绩，并开发了相应的遥感旱情监测系统，如农情遥感速报系统，不定期向有关业务部门推送旱情监测图报告。

针对不同的旱情感知要素，所使用的监测手段和感知技术不同，但总体可分为地面站点监测、航空航天遥感监测和地面站与遥感相结合的监测手段。目前，地面监测站点各类传感器和检测/计量手段用作点状旱情要素监测，具有数据精确的特点；低空气象雷达（主动式微波遥感设备）主要用于区域降雨预测和风速、气温、气压和湿度监测等；高空遥感监测技术具有快速、范围大、低成本、客观、周期性等特点，可快速、及时和动态监测评估区域性的土壤水分状况和下垫面干旱状况。

传统的土壤墒情监测方法是基于监测站的点监测方式，只能获得少量的点上数据，再加上人力、物力和财力等因素的制约，难以及时获得大面积的土壤水分和作物信息，使得

表4-1　水利部水信息基础平台遥感数据接收情况

卫星	传感器	总景数	存档景数	平均数据量/(G/天)		平均数据量/(TB/月)		平均数据量/(TB/半年)		平均数据量/(TB/年)			数据总量/TB		数据接收起始时间	数据接收时长/天
				全部存储	存档存储	全部存储	存档存储	全部存储	存档存储	全部存储	存档存储	全部解压存储	全部存储	存档存储		
GF1	PMS1	413906	125584	83.76	26.43	2.45	0.77	14.72	4.65	29.45	9.29	97.25	155.1	48.92	2013-5-1	1895
	PMS2	435362	135663	90.25	29.21	2.64	0.86	15.86	5.13	31.73	10.27	105.06	167.1	54.06	2013-5-1	1895
	WFV1	46523	23154	16.85	8.65	0.49	0.25	2.96	1.52	5.92	3.04	28.26	30.85	15.84	2013-5-21	1875
	WFV2	46770	23232	16.93	8.66	0.5	0.25	2.98	1.52	5.95	3.04	28.36	31.26	15.99	2013-5-5	1891
	WFV3	49954	24446	18.17	9.12	0.53	0.27	3.19	1.6	6.39	3.2	29.84	33.26	16.68	2013-5-22	1874
	WFV4	47929	22918	17.32	8.51	0.51	0.25	3.05	1.5	6.09	2.99	27.98	31.91	15.68	2013-5-10	1886
高分总计		1040444	354997	243.28	90.58	7.12	2.65	42.76	15.92	85.53	31.83	316.75	449.48	167.17		
HJ1A	HSI	179276	134192	3.63	2.8	0.11	0.08	0.64	0.49	1.28	0.99	10.88	7.48	5.77	2012-9-7	2107
	CCD1	31811	23642	4.72	3.53	0.14	0.1	0.83	0.62	1.66	1.24	21.42	9.62	7.18	2012-9-30	2089
	CCD2	31860	23563	4.76	3.53	0.14	0.1	0.84	0.62	1.67	1.24	19.35	9.57	7.08	2012-10-31	2058
	总计	242947	181397	13.11	9.86	0.39	0.28	2.31	1.73	4.61	3.47	51.65	26.67	20.03		
HJ1B	IRS	19732	15596	0.62	0.49	0.02	0.01	0.11	0.09	0.22	0.17	1.26	1.26	0.99	2012-10-9	2080
	CCD1	35547	26452	5.24	3.91	0.15	0.11	0.92	0.69	1.84	1.38	23.97	10.6	7.91	2012-10-18	2071
	CCD2	35432	26147	5.08	3.77	0.15	0.11	0.89	0.66	1.79	1.33	21.47	10.28	7.63	2012-10-18	2071
	总计	90711	68195	10.94	8.17	0.32	0.23	1.92	1.44	3.85	2.88	46.7	22.14	16.53		
环境星总计		333658	249592	24.05	18.03	0.71	0.51	4.23	3.17	8.46	6.35	98.35	48.81	36.56		
TERRA	MODIS	7749	7749	6.63	6.63	0.19	0.19	1.17	1.17	2.33	2.33	3.45	6.92	6.92	2012-7-1	1068
AQUA	MODIS	7050	7050	5.42	5.42	0.16	0.16	0.95	0.95	1.9	1.9	3.14	5.65	5.65	2012-7-1	1068
MODIS总计		14799	14799	12.05	12.05	0.35	0.35	2.12	2.12	4.23	4.23	6.59	12.57	12.57		
最终统计总计		1388901	619388	279.38	120.66	8.18	3.51	49.11	21.21	98.22	42.41	421.69	510.86	216.3		

大范围的旱情监测和评估缺乏时效性和代表性，而遥感旱情监测方法则是面上的监测，具有监测范围广、空间分辨率高、信息采集实时性强和业务应用性好等特性，可有效弥补地面观测系统建设成本高、空间覆盖率低和监测结果相对滞后的缺点，为各级减灾部门及时高效提供决策支持服务。随着卫星遥感技术的迅速发展，干旱遥感监测模型的实用化程度越来越高，遥感技术已成为旱情监测重要支撑手段。

4.1.3 遥感技术在土壤水分监测中的应用

土壤墒情指土壤中各层土壤的含水量状况，它是陆地水文循环中的重要状态变量，直接联系土壤—植被—大气各个系统，也是调控地—气反馈的重要参量之一。大范围的土壤墒情监测是农业过程研究、干旱监测和环境因子评价的基础，在预测区域干湿状况研究中意义重大，而遥感手段是获取非均匀下垫面和大尺度区域范围土壤水分状况的重要手段。基于卫星遥感技术对土壤水分的时空分布进行精准测量，是近年来定量遥感研究的热点难点问题之一。按遥感测量手段的不同可分为光学遥感、被动微波和主动微波，近年来，多传感器联合反演方法正逐渐成为研究的热点。

在光学遥感方面，各种监测方法利用植被对土壤水分的胁迫响应，如反射率法、热惯量法、作物缺水指数法、植被指数距平法、植被状态指数法、温度状态指数法、温度植被干旱指数（TVDI）法和高光谱方法等。光学遥感反演土壤水分是目前发展时间最久且相对成熟的方法，但它容易受云雨、土壤类型、植被覆盖和大气等因素的影响，使得其在实际应用中很难满足需求。另外，如何利用时间序列静止气象卫星数据是光学土壤水分遥感反演中的一个重要方向。

被动微波土壤水分反演主要是利用微波辐射计获得土壤的亮度温度，然后通过物理模型反演土壤水分或建立土壤水分与亮温的经验/统计关系，从而反演土壤水分。总的来说，包括统计和正向模型两种算法。在被动微波遥感领域，继 SMMR 和 SSM/I 数据源之后，对地观测卫星高级微波扫描辐射计（Advanced Microwave Scanning Radio meter for the Earth Observing System，AMSR－E）针对前两者在应用中的缺点进行了改进，对土壤介电常数更为敏感，有更强的穿透能力，并在空间分辨率上有了很大的提高，可提供全球尺度上的土壤湿度数据。发展至今，AMSR－E 的主流产品主要有 NASA 产品（由美国国家航空航天局开发）、JAXA 产品（由日本宇航机构开发）、SCA 产品（Single－Channel Algorithm，由美国农业部开发）、LPRM 产品（Land Parameter Retrieval Model，由 VUA 与 NASA 联合开发）等。

在主动微波遥感领域，欧洲太空局发射的 ERS－1 和 ERS－2 遥感卫星上的 SCAT 散射计（5.3GHz，C 波段，垂直极化）通过三个侧视雷达天线获取不同入射角度（18°～59°）下目标物对雷达波束后向散射回波强度。搭载于 METOP－A 卫星上的 ASCAT 散射计（Advanced Scatterometer）数据作为 SCAT 的后继产品同样采用变化检测的方法，但在精度上有所提高。此外，合成孔径雷达 SAR 观测也是土壤水分获取的前沿技术之一。目前利用多频、多极化/全极化雷达数据反演裸地土壤水分的经验和半经验模型主要有 Oh 模型、Dobson 模型和 Shi 模型等。

随着卫星和微波传感器技术的发展，大量的反演算法也不断地被提出。对比研究发现，在反演土壤水分方面，主动微波算法的精度要高于光学算法以及被动微波算法，但其对地表粗糙度和植被敏感。光学传感器具有较高的空间分辨率和时间分辨率，在监测土壤水分连续变化方面光学算法具有更大的优势，但受到天气条件的局限，只能得到土壤水分的相对值。被动微波传感器具有较高的时间分辨率，能提供每天的土壤水分数据，且对地表粗糙度和植被的敏感度没有主动微波算法高，但空间分辨率低，结合光学算法、被动微波算法和主动微波算法可以弥补单一传感器算法存在的不足。目前已有的卫星遥感土壤水分产品有L波段微波产品SMOS（～43km）、A-quarius（～100km）、C波段产品ASCAT（～25km）和多波段组合产品地球观测系统先进微波扫描辐射计（AMSR-E）（～60km）等。具有代表性的模型模拟产品包括美国的北美/全球陆面数据同化系统NLDAS（0.125°）/GLDAS（0.25°和1°）产品、中国西部地区陆面数据同化数据集产品，中国气象局也开始发展了CLDASV1.0土壤水分产品。

4.2 存在问题及原因分析

建立完整的旱情立体感知体系不仅涉及感知仪器设备的研制应用，地面站点、空中遥感卫星、视频监控和无人机等监测设备的建设组网，还涉及监测方案的制订，感知数据的采集、甄选和传输，以及旱情发展过程中气象、水文和生态等要素的感知等，可能存在的问题多种多样，如信息共享不充分、监测站点（含遥感卫星）监测频次低、感知手段单一和旱情感知要素未成体系等问题，但是目前一些土壤墒情感知中较迫切和亟待解决的关键问题有：

（1）旱情感知要素不同步，一体化设备尚需完善。由于旱情监测要素多，目前地表水的降水、蒸发、水位和流量等监测仪器设备相对成熟，地下水监测仪器设备逐步成熟，但土壤墒情监测仪器设备还有待改进与提高，作物与陆面蒸散发监测仪器还在研究中，造成雨量、风速和2m温度等感知要素可实时获得，而土壤墒情、作物温度和地表温度等要素与雨量、风速等要素不同步。要建立一套科学、客观的旱情感知要素监测系统，必须要加强相关仪器设备的研制，在土壤墒情监测的同时，能感知同时刻的雨量、风速、空气温度和空气湿度等，并增强监测仪器设备的稳定性、低耗性、环境适应性和连续工作性以及数据采集精度，努力解决仪器参数定标的区域性问题和大范围监测与单点监测的一致性问题，以保证采集的数据准确和可靠。

（2）感知旱情监测技术手段单一，新技术应用不足。由于旱情成因的复杂性，需要融合多源信息，综合判断旱情，但旱情感知手段仍以地面站点观测为主，卫星遥感技术、视频监控、智能识别技术和大数据分析等新技术应用研究与推广明显不足。应充分利用卫星遥感、无人机、视频监控和智能手机等新技术和新手段，综合感知大气雨、空中雨云风、地面水雨情、水体储水量、土壤墒情、作物长势、土地利用方式和种植结构等内容，实现自动化、无人化、立体化和一体化的旱情要素综合感知体系。

（3）旱情感知数据时效性、精确性和代表性常顾此失彼。旱情感知地面站点观测的优势是监测数据准确可靠且时效性强，缺点是布点稀少、分布不均和代表性差，难

以监测大区域旱情。遥感监测具有空间覆盖广、代表性好、空间上连续和时间上动态变化的优势，一方面弥补了传统田间观测布点稀少和空间代表性差的弱点，使大范围监测成为可能；另一方面能够提供植被和土壤等参数信息，节约了地面观测所花费的大量人力、金钱和时间。但主动微波传感器存在对地表粗糙度和植被敏感的问题，光学传感器存在受到天气条件的局限问题，被动微波传感器存在空间分辨率低的问题，且遥感监测数据为间接监测土壤墒情的变化的数据，反演算法和卫星过境时间间隔等也是土壤墒情精确和连续监测的影响因素之一。因此应采用地面观测和遥感监测相结合、多光谱数据与主被动微波数据相结合、热惯量法与植被指数法相结合和多传感器联合反演等方法手段，共同解决数据时效性、准确性、代表性、时空效应和尺度的难题。

4.3 综合旱情要素一体化感知仪器的研制

综合旱情要素一体化感知仪器在墒情实时感知的同时，能够同时监测雨量、风速、大气温度、空气湿度、多层土壤湿度、地表温度和冠层温度等要素，且具有大范围视频摄像功能，并实现该仪器设备固定站无人值守情况下的土壤墒情数据的自动采集和无线传输、移动站数据自动采集和无线传输，支持数据人工录入及网络传输，以便为其他应用系统的决策分析提供数据依据。该一体化感知仪器要具有稳定性、低耗性和较强的环境适应性，能够连续工作并保证数据采集精度，可实现自动化、无人化和多要素综合感知。

4.3.1 仪器功能、性能及结构组成

综合旱情要素一体化感知仪器具有基本的数据采集功能、数据存储、数据简单处理功能、数据/图片/视频影像传输功能、初级的诊断功能和传感器故障自动报错功能等。

一体化仪器结构应包含：雨量传感器、温度传感器、空气湿度传感器、土壤湿度（3层）传感器、视频摄像机、太阳能光板/蓄电池、存储设备、通信模块、RTU、防雷模块、防信号干扰模块和支架/保护罩等基本模块。

4.3.1.1 仪器功能

仪器基本功能包括采集雨量、空气/地表温度、空气湿度、土壤湿度、视频图像等基础数据，以短信、视频或图像等多种方式传输传感器数据、照片等信息，储存和处理数据、图像、图片等并发送预警信息；能以多种方式与其他一体化仪器设备、传感器和感知终端等组网，可内置北斗接收功能，支持基于北斗/GPS的位置管理与控制，还应具备仪器设备初级诊断功能，包括自检、自校和自诊断功能，还有组态功能。

4.3.1.2 性能要求

（1）无线传输。基于互联网，通过GPRS/GSM网络将监测的数据信息发送到要求的数据平台，土壤水分传感器能够长期埋设在野外大田的测点中，对不同深度土壤水分进行连续在线监测。为了方便安装监测站和传感器，监测站主机与传感器之间不需要使

用电缆连接，传感器通过无线电向监测站主机发送测试结果。监测站主机可以安装在相对安全的或有防护的地点，传感器可按照监测需要在主机周围选择有代表性的监测点进行布设。

（2）高度集成。集成并合理布设雨量传感器、空气湿度传感器、空气/地表温度传感器、广域视频摄像头与土壤墒情传感器等，并将GPRS/GSM通信模块、防雷模块、防信号干扰模块以及充电控制模块整体集成于同一块电路板上，实现远程控制RTU配置参数。

（3）可扩展性强。一体式仪器需提供多种不同类型的传感器接口，除了可以连接土壤水分传感器、雨量和温度传感器外，还可以连接风速等其他气象传感器。

（4）数据管理。提供通用的互联网数据平台对一体化仪器及各种传感器监测和信息进行实时采集、监控和管理。用户可通过电脑、手机等登录互联网随时随地查阅监测数据，也可在平台上设置和修改各种参数。可实现一站多发。

4.3.1.3　结构组成

综合旱情要素一体化感知仪器可由1个雨量传感器、1个空气/地表温度传感器、1个空气湿度传感器、1个广域视频摄像头、3支土壤水分传感器、通信模块、自动监测站主机、供电系统和防护装置等组成，可监测雨量、空气湿度、空气温度和上、中、下三层土壤含水信息。通过通信模块的无线网络，将监测数据、视频和图像传输至监控中心数据接收服务器中。监测设备采用无线短距离通信技术，将传感器模块、无线模块和供电单元集成于一体，具有安装维护方便，随时随地根据需要增减布点。综合旱情要素一体化仪器硬件组成见表4-2。

表4-2　　综合旱情要素一体化仪器硬件组成

序号	产品名称	单位	数量	备　注
1	自动监测站主机	套	1	太阳能供电，蓄电池备用
2	无线传感器节点	台	6	
3	土壤水分传感器	台	6	
4	雨量传感器	台	1	
5	空气湿度传感器	台	2	
6	温度传感器	台	1	
7	摄像头	台	1	
8	太阳能供电设备	套	1	
9	蓄电池组	组	2	
10	避雷设备	台	1	
11	GPRS通信模块	套	1	
12	SIM卡	张	1	
13	支架/防护套	套	1	安全或支撑作用

综合旱情要素一体化仪器设备大致结构如图 4-1 所示。

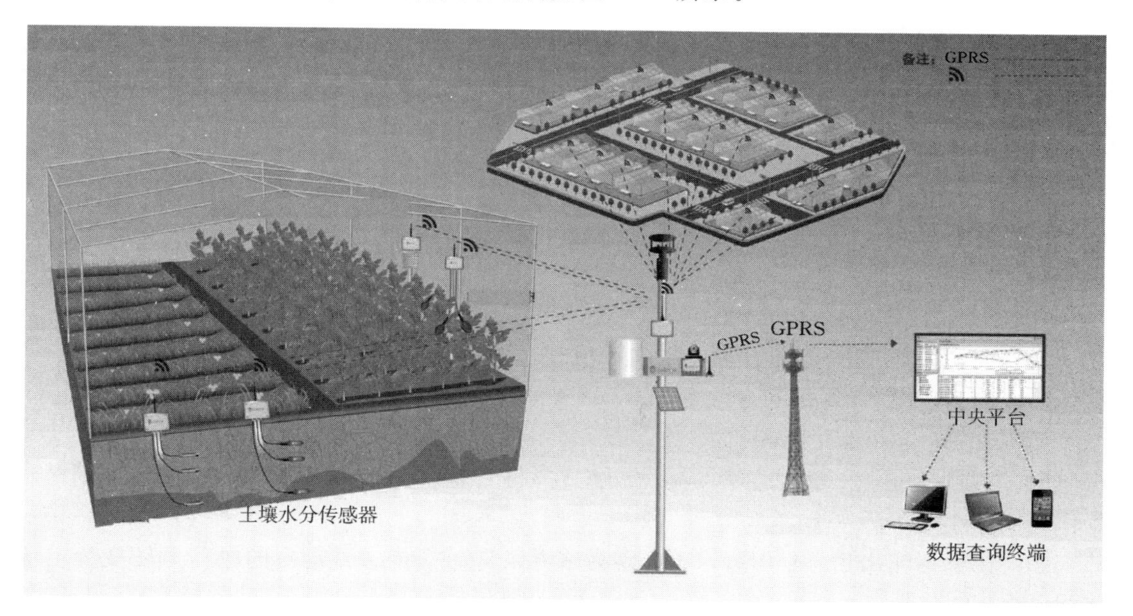

图 4-1　墒情感知结构示意图

其中各类传感器及 RTU 可高度集成于一个防护装置内，3 层土壤湿度传感器分别埋设于土壤上层、中层、下层。

4.3.2 仪器参数

1. 自动监测站主机

(1) 自动采集和固态存储，文本数据存储容量满足 5 年以上数据要求，图像和视频存储容量满足 1 年以上数据要求。

(2) 数据传输：采用 GPRS/GSM 信号方式发送采集到的土壤含水量、雨量、空气湿度、地表温度等数据，可一站多发，传输速率不低于 1.2kbit/s。

(3) 信道：支持超短波、3G/4G/5G/GSM 和卫星信道。

(4) 定位功能：支持基于北斗/GPS 的位置管理与控制。

(5) 互联网接入速率：64～384kbit/s。

(6) 视频及图像传输：支持信号视频图像的流畅传输，可一站多发。

(7) 可以在平台上为每台监测站远程设置和修改土壤墒情标定公式。

(8) 采集自报：可设置开始采集时间和间隔时间，时间范围为 10min 至 30 天。

(9) 标准接口：支持 RS485、RS232 和 SDI-12 等通用传感器接口。

(10) 电压：宽供电电压，DC 6～15V，支持标准电源输入接口和标准 USB 接口。

(11) 供电方式：采用太阳能板和蓄电池供电，电池一次充满电后，能够满足在无光照条件下，设备能够连续工作 30 天以上。

(12) 待机状态小于 50μA。

(13) 工作环境：－20～50℃。

（14）防雷电干扰：内置防雷保护模块。

2. 无线传感器节点

（1）可以至少连接 5 个传感器，种类包括土壤水分、土壤温度、空气温湿度和雨量传感器，也可以连接风速仪等。

（2）雨量传感器分辨率：0.1～0.5mm，菜单中可自选或设置，测量误差不大于±3%。

（3）电池寿命：3～5 年（3～5 个传感器，每小时发一次监测数据）。

（4）工作环境：－20～50℃。

3. 土壤水分传感器

（1）FDR 频域反射原理，测定土壤体积含水量。

（2）测量范围：0～饱和含水量。

（3）分辨率：0.1%VWC。

（4）测量精度：土壤含水量的测试误差不大于±2%（绝对含水率在 0～50%范围内）；工作电流：小于 10mA。

（5）传感器输出信号：0～2.5V，监测站可以自动将传感器输出的电信号转变为土壤体积含水率。

（6）传感器外形和材料：采用单片式设计，外壳材料为特种硬质塑料，外形坚固不变形。

（7）工作环境：－20～50℃。

（8）土壤水分传感器通过权威机构测试。

4. 其他要求

（1）可召测和补发，自报/应答，自报功耗不大于 2.0mA，补发/应答功耗不大于 15mA。

（2）发射/接收时间短。

（3）性能稳定，时延低，无故障工作年限不少于 5 年。

（4）建设成本低，周期短。

（5）支持多种网络接入模式，多路通道。

4.3.3　仪器特点

与传统设备相比，一体化旱情感知仪器要具有适用性强、运维成本低、功耗小和可靠性高、防盗、数据存储和处级处理等特点。

（1）适用性强。针对旱情监测而设计，能根据环境外接多种气象传感器，实现旱情信息的一体化感知，针对性强，适用性高。

（2）运维成本低。由于旱情监测范围大、相对投资少，设备稳定性至关重要，要求减少维护内容，按照少维护或不维护设计。

（3）功耗小。各传感器集中布置，采用太阳能光板供电，可减少设备能耗；采用定时和召测模式发送数据，仅在发送数据时功耗增加，休眠时可最大程度降低功耗。

（4）可靠性高。一体化仪器要满足数据精度高和可靠性好的要求，设置标定模块，可

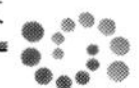

以根据实际情况实现雨量、气温、湿度和含水量等感知要素的自标定和自调整，也可以远程人工调试，以增加仪器感知数据的可靠性和精度。

(5) 防盗。针对现场无运行管理人员的大面积旱情监测，安装采用立杆式安装，杆上和下部安装各类传感器和摄像头，要求视频监控带有入侵警报系统，一旦有人试图破坏，能立即发生声光报警，设备箱采用锁箱防护和警示标语等设施。

(6) 数据存储和处级处理。平台和终端存储双保险，最大限度保证数据准确及安全。

4.3.4 实现途径

采用多种传感器和摄像头等感知终端一体化集成方式进行旱情要素综合感知，仪器设备选择自带太阳能供电设备，兼备蓄电池补充供电；采用可本地组网实现无线通信，降低仪器电缆铺设工作量并降低运维工作量；采用太阳能板和蓄电池供电，参数根据当地日照时间与连续阴雨天数进行配置；设备防雷保护通过设备内置防雷模块与外设避雷针共同完成；防盗措施主要考采用宣传标语，视频监控可接入入侵识别并进行声光报警。

选择翻斗式雨量计对监测区域内降水量进行监测，选择合适的大气温度和大气湿度传感器，使用智能型 RTU 对翻斗式雨量计、湿度计、温度计和土壤湿度进行采集、存储、上传和控制等操作。采用视频监测高清网络摄像头或 4G 网络摄像头对区域作物/植被/田地进行实时监测，高清网络摄像头接入声光报警装置。采用无线 Wi-Fi 网络或 4G/5G 网络进行通信组网，对监测的雨量、气温、空气湿度、土壤湿度、视频和图像等内容经过简单处理后，通过公共通信网络/专用网络等将数据传输至 Internet 网络，通过云平台分析处理数据。

采用一杆式安装结构或一体箱杆结构进行仪器设计，使用传感器高度集成的智能型 RTU，具备可扩展多信道传输数据能力和一定的存储能力；采用研制加现有设备组合的方式降低其功耗，缩小体积，并使其安装维护更加方便、性能更加稳定。

4.4 天—空—地多源旱情感知信息融合技术

该项关键技术的内容是对遥感数据、无人机航拍数据、低空视频图像数据和地面站点监测数据的融合和综合应用。利用对遥感数据与实时航拍数据的快速解译、融合和应用技术，增强其时效性与数据准确性；通过对低空区域视频图像和站点监测数据的综合利用，解决其代表性问题；通过天—空—地多源信息的融合，综合解决感知信息的精度和时效性问题，实现立体化旱情信息综合感知。

4.4.1 技术要点

传统观测地面站点的优点是观测要素直接、可进行连续观测、观测序列长；缺点是观测要素分布及代表范围有限、需要空间插值。航天航空遥感探测技术的优点是高分辨率、区域覆盖度高和空间连续；缺点是观测要素是间接的，且受观测环境影响。卫星遥感的优点是观测要素及时获取、全球覆盖、空间连续；缺点是间接观测要素，且受观测环境影响。

但随着经济社会发展和科技进步，在航天方面，卫星遥感监测手段不断增多，资料类型日趋丰富，数据质量进一步提高，为遥感技术应用的不断拓展和深化提供了新的条件。在航空方面，低空无人机遥感平台具有快速、灵活和机动的优势，搭载不同类型传感器能获取高精度的水体面积、农业种植面积、作物种类、地表反射率、叶面积指数、叶绿素含量、作物高度、生物量及土壤水分等信息，可以弥补卫星遥感技术受到天气、地形和时空间分辨率等方面的不足。随着各类地面观测站建设的逐步完善，基于现代物联网技术的地面有线和无线传感器组网技术在地面观测站点信息汇聚方面得到了快速的应用，能够自动采集从作物叶面到冠层、土壤表层到剖面的理化信息，以及农田气温、湿度和光照等环境信息。

因此，搭建基于卫星、无人机和地面站点物联网技术的“天—空—地”三者相互结合的一体化综合旱情立体感知体系，构成多尺度、多源和立体的旱情信息监测网，克服地物参数的时空异质性，增强旱情监测的实时服务能力，在技术上是能够实现的。天—空—地多源旱情感知信息融合技术要点是融合综合和扬长避短，实现传统地面站点观测、空中航拍和遥感卫星监测的优势互补，使旱情要素监测信息及时、准确和覆盖区域广，且连续性强。通过将雷达数据和光学数据融合、多波段多影像数据融合、“天—空—地”数据融合等可以获得空间分辨率和时间分辨率方面更加优质的产品。

4.4.2　实现途径

在航天方面，需要构建具有工作成像模式优化、信息快速生产和发送能力的智能遥感卫星系统。在加快多种遥感数据融合研究的基础上，重视现代小卫星系统建设，推动基于多颗卫星组网飞行模式的小卫星星座建设，并通过加强国际合作建立国家基础数据和遥感信息共享平台，增加可利用的遥感卫星数据接收数量，获取更多卫星数据资源，以克服卫星受过境时间影响的缺点。

将遥感卫星系统设计和地面信息处理技术发展统筹考虑，是当前面向高空间、高光谱和高辐射分辨率地球观测卫星技术发展的一个重要前沿方向。其发展的关键技术有：遥感器工作模式优化技术、遥感器参数自适应调节技术、星上数据实时处理与信息快速生成技术和卫星机动控制与信息多路发送技术。构建智能遥感卫星系统，一方面要针对不同的旱情受灾情况、不同应用对象和不同应急要求，将数据处理算法和应用模型与遥感数据模式紧密结合，建立遥感模式库，并在此基础上研究相应的自适应成像模式变换以及星上实时处理技术等；另一方面，要充分利用航空遥感实验平台，通过航空遥感实验平台来对自适应观测技术以及实时数据处理技术的可行性进行论证。

在航空方面，重视和加快无人飞行器的研制和应用，推动无人机系统的进一步发展。无人机遥感是利用先进的无人驾驶飞行器技术、遥感传感器技术、遥测遥控技术、通信技术和 GPS 差分定位技术等，自动、智能和专题化地快速获取国土、资源和环境等空间遥感信息，完成遥感数据处理、建模和应用分析能力的应用技术。该技术具有高时效、高分辨率、高危地区探测、续航时间长、低成本、低损耗、机动灵活和可重复使用且风险小等诸多优势，现已从发展初期的侦察和早期预警等军事领域扩

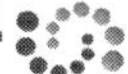

大至资源勘测、环境监测、处理突发事件和灾害应急救援等非军事领域，未来可在大面积旱情监测方面发挥其优势。

目前，无人飞行器的技术瓶颈在于不具备有人飞行器的“感知和规避”（S&A：Sense - And - Avoid）能力，因此不能安全和有效地融入国家航空系统之中，在灾害现场数据采集时也具有一定的危险性。因此，研制一套S&A系统以保证无人飞行器飞行安全和可靠至关重要，直接关系到无人机遥感的发展方向和被认可的程度。S&A系统的主要功能是探测可能有冲突的空中交通、评价航线、定义正确的航线和自动遵守相关空中交通规则等。另外，绝对可靠的操作指令链路也十分重要，指令链路的安全性能稍有欠缺，将可能导致无人飞行器操作延迟和非正常转向，甚至被突发灾情损毁等。因此，研制可靠的S&A系统和精确操作指令链路是当前无人机遥感应用于灾害监测亟待解决的关键技术。

在地面监测站网建设方面，进行墒情站和综合旱情要素一体化仪器的需求论证，分析其分布位置的合理性和区域代表性等，根据墒情站/旱情感知一体化仪器建设成本，本着经济和合理的原则，适当增加地面土壤墒情站/旱情感知一体化仪器的数量。

在天一空一地数据通信方面，关注低轨通信卫星、天通系列卫星和高通量宽带卫星的发展趋势，重点利用高通量、中低轨卫星、5G无线网络和物联网等先进信息技术与地面光纤网络充分融合使用，构建一个全覆盖、多路由和高可靠的空天地一体化综合性旱情信息通信保障体系，及时准确地掌握采集信息，并进行科学快速的分析。

此外，还应加快遥感反演水量和墒情技术的应用，提高数据提取精确性；研究遥感航空大尺度空间数据与地面站点实测数据的快速融合技术；研究区域旱情综合监测指标及旱情等级划分依据等。

4.4.3 可获取的指标

我国多部干旱监测预警相关的标准规范已经颁布实施，包括《区域旱情等级》（GB/T 32135—2015）、《旱情等级标准》（SL 424—2008）和《气象干旱等级》（GB/T 20481—2006）等，在这些标准中，普遍采用了土壤相对湿度、降雨量距平、标准化降水指数和帕尔默干旱指数等指标进行干旱监测预警。这些指标需要通过旱情综合信息感知中采集的要素来计算的，同时这些指标相对较少，仍需进一步完善。

4.4.3.1 单项评估指标

在气象干旱评估方面，国内外先后提出了干燥度和湿润度、降水量和降水量距平百分率、标准化降水指数SPI（Standardized Precipitation Index）和Z指数等指标。SPI在美国应用较为广泛，缺点是假定所有地点旱涝发生概率相同，无法标识频发地区。针对我国的降水特征，一般用Z指数，即用P-Ⅲ型分布拟合某一时段降水，而后对降水量进行正态化处理，将概率密度函数P-Ⅲ型分布转换为Z变量的标准正态分布。该指标计算相对简单，结果比较符合实际，可适用于任何时间尺度，对干旱反应较灵敏。

描述水文干旱的指标主要有径流及其距平百分率、水资源量、湖泊水位、游程强度、地表供水指数以及河流断流长度等。

农业干旱研究重点为作物和土壤干旱，与气象干旱相比，农业干旱的发生和演化机理更为复杂，它不可避免地受到各种自然和人为因素的影响，如气象条件、水文条件、作物布局、作物品种、生长状况、土壤特性、耕作灌溉制度和叶面温度等。除降水这一基本评估指标外，农业干旱的评估指标还有土壤水分指标、作物需水指标、温度指标、作物缺水指数（CWSI）、作物综合干旱指标和受旱面积比率等。

植被指数是遥感监测地面植被生长状况的一个指数，它由卫星传感器可见光和近红外通道探测数据进行线性或非线性组合形成，可以较好地反映地表绿色植被的生长和分布状况。一般来说，缺水时作物生长将受到影响，植被指数将会降低。归一化植被指数（NDVI）是最常用的植被指数之一，定义为近红外波段和可见光波段灰度值之差与这两个波段数值之和的比值，它是植被生长状态和植被覆盖度的最佳指示因子，被广泛地应用于植被覆盖度、分布、类型和长势，以及监测植被的季节变化和土地覆盖研究。国内外不少研究者在应用NOAA/AVHRR资料方面做了许多探索，可利用该指标进行生态干旱的分析和监测。在积累多年气象卫星资料基础上，可以得到各个地方不同时间的NDVI的平均值，这个平均值大致可反映土壤供水的平均状况。NDVI当时值与该平均值的离差或相对离差，反映偏旱或偏湿的程度，由此可确定旱情等级。

其他植被指数还包括相对距平植被指数RNDVI、条件植被指数VCI，条件温度指数TCI、距平植被指数AVI、条件植被温度指数VTCI、植被供水指数VSW和植被健康指数VHI等。VCI、TCI、VHI被广泛地应用于区域的旱情监测当中。另外，也可用当前地下水位的埋深与不同植被的临界地下水位比值指标来判断植被的受旱情况。近年来，还出现了生物物理指标的VDRI（Vegetation Drought Response Index）指数、吸收光合有效辐射比率（Fraction of Absorbed Photosynthetically Active Radiation，FAPAR）等。VDRI这一指数被应用于旱情遥感监测业务当中，并取得良好的效果；FAPAR是表征植被生长状态的关键参数，影响植被的生物和物理过程，如光合、蒸腾和碳循环，这一指数模型被应用于“欧洲旱情观察”系统（EDO）中，并取得良好效果。

4.4.3.2 综合旱情评估指标

目前常用的干旱指标都是建立在特定的地域和时间范围内，难以准确反映干旱发生的内在机理，且在干旱的预报和预测方面的能力略显不足。还有一类干旱评估指标为综合性的，考虑因素较为全面。

1. 帕尔默指标

Palmer于1965年在原有研究成果的基础上提出的帕尔默指标（Palmer Drought Severity Index，PDSI）具体计算为

$$PDSI=K_j d$$

$$d=P-P_0=P-(\alpha_j P_E+\beta_j P_R+\lambda_j P_{R0}-\sigma_j P_L)$$

$$K_j=17.67K'/\sum DK'$$

$$K'=1.5\lg\{[(P_E+R+R_0)/(P+L)+2.8]/D\}+0.5 \tag{4-1}$$

式中：K_j 为气候特征系数；d 为某时段（月）内实际降雨量与气候适宜情况下降水量的差值，反映了地区自然条件下的缺（余）水程度；P 为实际降水量；P_0 为气候适宜情况下的降水量；P_E 为可能的蒸散量；P_R 为可能土壤水补给量；P_{R0} 为可能径流量；P_L 为可能损失量；R 为土壤水实际补给量；R_0 为实际径流量；L 为实际损失量；D 为各月 d 的绝对值的平均值；α、β、γ、σ 分别为各项的权重系数，它们依赖于研究区域的气候特征。

但由于 PDSI 指标基于气象站点观测数据计算，空间代表性不足，尤其在气象站点较稀疏或无气象站点的地区，就无法进行干旱评估；另外，在水分平衡计算时所采用的概化二层土壤模型过于简单，既没有考虑土地利用方式的地区差异，也没有考虑植被的季节变化，对土壤的空间变异性考虑不充分，在应用于水文和农业干旱评估时有待商榷。Palmer 干旱指数在我国东部地区具有较好的适用性，鉴于此，国内学者在不同地区对 PDSI 指标进行了修正。中国气象科学研究院的安顺清等提出了适合我国气候特征的、改进的 Palmer 干旱模型；赵惠媛等选取了松嫩平原西部地区 11 个站的降水、蒸发和土壤含水量资料，建立了修正的帕尔默旱度模式；马延庆等针对渭北旱塬地区的特点，运用修正的帕尔默干旱指数建立了渭北旱塬干旱指数模式。Palmer 干旱指数在西北地区变化不敏感，应用该指标时需进一步修正。

2. 综合旱涝指标 CI

CI 是一个融合了标准化降水指数、相对湿润指数和近期降水等因素的综合指数，其计算为

$$CI=aZ_{30}+bZ_{90}+cM_{30} \tag{4-2}$$

式中：Z_{30} 和 Z_{90} 分别为近 30 天和近 90 天标准化降水指数 SPI 值；M_{30} 为近 30 天相对湿润指数，该值由 $M=\dfrac{P-P_E}{P_E}$ 得到；P 为某时段降水量；P_E 为某时段潜在蒸发量；a 为近 30 天标准化降水系数，由达轻旱以上级别 Z_{30} 的平均值除以历史出现的最小 Z_{30} 值得到，平均取 0.4；b 为近 90 天标准化降水系数，由达轻旱以上级别 Z_{90} 的平均值除以历史出现的最小 Z_{90} 值得到，平均取 0.4；c 为相对湿润系数，由达轻旱以上级别 M_{30} 的平均值除以历史出现的最小 M_{30} 值得到，平均取 0.8。

通过式（4-2）可以滚动计算出每天综合干旱指数 CI，然后根据 CI 值进行干旱等级划分，进行干旱监测。

由于我国地域广阔，东西相距约 5400km，经度从东经 73°一直至东经 135°；南北相距约 5500km，跨纬度近 50°，即使在同一季节，东西南北各地差异也很大。故上述综合旱情监测指标等级划分时还要考虑地域差异，因地制宜确定等级。

4.5 小　　结

虽然经过多年的发展，旱情要素感知取得了一定的进展，但离实用化、业务化的目标

还有一定距离。目前亟待解决的问题和发展趋势主要体现在以下方面：

（1）构建旱情感知综合数据库，开展旱情综合评估。干旱是大气—土壤—植被—水文—生态—社会经济之间相互作用发展的缓进过程，因此，有必要对干旱过程开展综合和动态地监测，涉及气象、农业、水利、生态环境和社会经济等领域以及上述领域多源遥感资料不同时空分辨率数据进行有机融合的问题，构建多源遥感资料、数字高程（DEM）、土地利用覆盖、土壤类型、植被类型、农作物类型、生物量、水系水库、灌溉分布、人口分布、灾情统计和社会经济状况等多方面的旱情感知综合数据库，为抗旱减灾管理工作提供强大的数据支撑。在多源数据构建的基础上，以遥感数据为基础研发多源旱情监测数据融合技术，开发旱情综合评估产品。

（2）遥感技术与水文气象、生态等专业模型的耦合研究。遥感技术优势在于多尺度、多角度、多波段和多时相地提供大范围的对地观测数据，能够及时获取地表特征信息如植被指数、亮度指数和地表辐射温度等，并通过定量反演，进一步获取地表特征参数如地表覆盖、地表反射率、叶面积指数、叶绿素含量和土壤水分含量等。特别是随着新一代高空间、高光谱和高时间分辨率遥感数据的不断出现，使得旱情遥感技术的监测对象、监测精度和监测的业务化流程等关键方面得到更大的突破。干旱涉及了气象、农业、水文、生态和社会经济等方方面面，单纯依靠遥感数据难以全面系统地监测干旱的动态过程及影响。因此，将基于分布式的陆面过程模式，气象、农业、水文、生态和社会经济等专业模型与遥感数据进行耦合或同化，弥补遥感观测时空分辨率的缺陷，提高旱情遥感监测的精度，并实现对旱情的预警。

（3）综合旱情感知指标与等级划分。基于气象、水文、墒情和遥感等多源信息，综合考虑水源、水量、土地利用、土壤类型、灌溉条件、作物类型和物候情况等下垫面因素，建立区域范围内的旱情综合监测评估方法，即基于气象、水文、作物、土壤、土地利用和遥感等信息，建立降雨距平指数、连续无有效降雨日数、标准化降水指数和帕尔默干旱指数的气象旱情分析指标，河道径流距平和水库蓄水距平的水文旱情分析指标，土壤相对湿度、受旱面积比率和作物水分亏缺的农业旱情分析指标，以及归一化植被指数、植被状态指数、植被水分指数和修改型二次土壤调节植被指数的遥感旱情分析指标，构建综合旱情感知指标体系与旱情等级划分标准，将是未来旱情综合感知发展方向。

（4）建立旱情感知指标体系与标准规范。旱情感知要素涉及气象、农业、水利、民政、海洋和环保等行业或部门，而且监测标准存在较大差异，尚无统一的规范的旱情感知标准。目前，旱情监测的研究和业务系统的运行多数基于与土地覆盖、土壤特性、地面观测数据耦合卫星遥感干旱指数的半定量经验统计模型，其监测结果缺乏可靠的时空对比性，旱情等级的划分主观性强，缺少统一和客观的旱情监测标准规范，且不同区域差异显著，不能一概而论。不同行业或部门对同一干旱事件动态过程的监测结果存在较大差异；而且同一部门对不同的干旱过程监测因标准差异导致无法进行详细对比分析等诸多问题。因此，需要在对我国历史旱情旱灾特征充分研究的基础上，理清全国各地旱情研究和业务系统的流程，开发较适宜全国各地的旱情综合监测指标，建立规范的旱情监测标准，有利于推动我国旱情监测研究与业务的进步，也对

认清全球变化背景下我国干旱的发生规律具有重要意义。同时，考虑到干旱发生的时空差异性，为满足区域干旱监测的需求，需要针对各地干旱特点，提出适合不同地区和不同时段的干旱监测指标体系，制定相关标准规范，并解决局地监测与全国监测有效的统一问题。

第 5 章

灌区全面监控技术

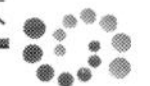

5.1　灌区感知现状

目前，我国共有万亩以上灌区7806处，其中50万亩以上的有177处，30万～50万亩的有381处。经过多年的建设，目前全国有59处大型灌区开展了信息化建设试点，初步实现了大型灌区的办公自动化及网络化，基本建成了自动化办公平台，以及实现了区域数据通讯传输网络的覆盖。但是信息化平台功能较为单一，在水资源管理、灌区输配水调控管理方面，相关监测体系、业务应用体系和网络传输体系基本空白。在重要引水口和分水口，用水管理分界断面、用水计量断面以及主要的泄水、退水和排水口处安装计量设施的工程已经建设或正在稳步建设中，但在支渠、斗渠及每个用水户的计量设施尚未全面覆盖。

5.1.1　灌区量测水监测现状

目前，全国7800多处万亩以上灌区中还有5500多个未开展渠首取水量监测。万亩以上灌区斗口取水监测大多不全，70%的大型灌区斗口无计量设施，中型灌区斗口普遍无计量设施。中小型灌区仍未开展信息化建设，农业灌区渠首监测覆盖不了全部取水口，实际取水监测率不高。

目前已开展建设的国家水资源监控能力建设项目二期，旨在提高大中型灌区用水的在线监测能力，项目完成后将实现对5万亩以上灌区渠首取水全国实现在线监测，1万～5万亩灌区渠首取水实现在线监测或规范计量。在灌区用水监测方面，在重要引水口、分水口，用水管理分界断面、用水计量断面以及主要的泄水、退水、排水口处，安装计量设施工作处于已经建设或正在稳步建设中。但在支渠、斗渠及用水户端，计量设施缺口较大，取水监测率不高，灌区用水量缺乏连续测量，灌区用水情况无法全面系统监测。

在农业节水配套工程建设中，大型灌区续建配套和节水改造434处，灌溉面积5万～30万亩的2157处重点中型灌区的灌排工程进行节水配套改造，完善量测水设施、管理信息化、灌溉试验站等附属设施。截至2018年，已有147处大型和南疆21处重点中型灌区完成规划投资任务；共初步改造重点中型灌区1250处，仍有1000多处尚未实施改造。改造后的灌区已可以对取水和关键用水节点、供用水户的分界断面进行水量监测。

5.1.2　灌区网络技术应用现状

灌区通信方式也随着通信技术的发展不断变迁，从较少占用资源的方式，到可以实现遥测和遥调的方式，再到适用于人烟稀少且无公网覆盖地区的5.8G宽带微波方式，以及虚拟网技术，或是上述方式的各种组合等。目前，大多数中小灌区信息传输手段还限于传输模拟信号的电话线，监测的水情、墒情、作物种类和长势等信息只能靠人工采集记录或纸媒传输，时效性差，难以满足实时调水需求。大型灌区的网络建设也面临专网与公网，带宽与成本，功率与耗电的取舍问题。例如有的灌区自建光缆铺到每个闸门，除视频数据外，灌区大部分数据量很小，光缆大部分带宽资源被浪费。

5.1.3 灌区自动控制体系建设情况

我国灌区骨干渠系多建于20世纪六七十年代，近20年间通过小型农田水利重点县项目及专项水利工程建设项目虽进行了修缮和补充，渠道本身的工程条件基本完好，但随着种植结构的调整，作物种植对于灌溉的需求更加明显，在时间、空间、需水量上具有更大的变异性，这些需求和现状闸门运行控制体系及调度方案是不相匹配的。

大多数灌区现有闸门及配套的控制工程的自动化程度较低，建设标准较低，经过几十年的运行，退化、老化、破坏问题较为严重，不同程度地存在问题；大部分现有或新建取水水利工程缺乏自动启闭设备，且现有手动启闭设备退化老化严重，基本没有配套的自动控制和监测设备，现地视频监测设备，以及用水自动计量及数据远程传输设备。

5.2 存在问题及原因分析

1. 灌区感知覆盖范围和要素内容不全面

在监测范围方面，依然存在监测盲区。灌区信息采集点少，大型灌区平均0.37万m^2有一个水位、流量监测点，单位测点控制渠道长度94km。靠如此稀疏的观测设备，无法对用水户的用水量进行实时监控。用于其他如水质、土壤墒情、地下水、作物长势等方面的观测设备更少，观测手段也以人工观测为主，灌区大部分仍采用简单经验的方法观测，测量精度低，灌区采集的要素内容尚不全面。灌区感知的信息较少，用水计量信息、农田环境信息、水肥信息、浓情信息等不全面，无法支撑灌区的精细化管理。由于无法及时掌握灌区水流特征和灌溉管理所需的其他信息，国内灌区调度多凭经验进行，不能动态制定用水计划，无法及时控制水量以适应水情、作物种植结构的变化，造成灌溉用水的浪费。

2. 灌区信息传输手段落后单一

信息传输手段落后单一，组网不合理，仍局限于传统的网络传输方式，大多数中小灌区信息传输手段还限于传输模拟信号的电话线，监测的水情、墒情、作物种类和长势等信息只能人工采集记录或纸媒传输，时效性差，难以满足实时调水需求。未能结合现有的物联网、无线传输等技术，组建灌区灵活的网络传输体系，实现各类传感数据的实时传输。

3. 灌区自动化程度低

大量支渠、农渠、毛渠的闸阀无法实现远程自动化无线控制，自动化程度较低。

灌区控制对象只有泵站、闸门，部分灌区包括少量电磁阀。对于泵站，水泵自身调节应用少，单靠启闭供水水泵的台数无法精确匹配流量。闸门能实现遥控启闭，但具有较精确流量控制调节的闸门应用不多，动态配水尚在实验阶段。

野外恶劣条件对设备可靠性要求高，设备成本高。中小灌区资金投入不足，基础设施

薄弱。日常水渠维护及机电设备维护资金尚不充足，无法满足信息化系统建设与维护的基本费用。

5.3 灌区感知技术逻辑分析

5.3.1 灌区管理

灌区从管理范围的角度，可划分为水源、输配水系统、田间灌溉系统三个部分。

1. 水源

水源主要分为地面水和地下水两类。其中地面水有自流和抽水两种取水方式，包括水库、塘坝、井、河湖等等。而地下水大多为井灌区取水水源，取水方式是从井中抽水。

2. 输配水系统

输配水系统包含泵站、输水管渠、管网和调节构筑物等等，其中从水源取水输送至灌溉区域的输水系统包括渠道或管路及其上的隧洞、渡槽、涵洞和倒虹管等。在灌溉区域分配水量的配水系统包括灌区内部各级渠道以及控制和分配水量的节制闸、分水闸、斗门等。涉及量测水和机电设备的自动化控制，需考虑灌溉过程中涉及的精准量测水、远程自动化控制、稳定可靠的数据传输以及排水过程中的水质监测等问题，实现量水设施精准计量、稳定可靠运行、复杂环境中的数据稳定传输以及灌区闸阀泵等设备的远程自动化控制。

3. 田间灌溉系统

田间是灌区的终端末梢，田间灌溉直接作用于农作物或经济作物，是评价整个灌区体系能效的关键部分。田间灌溉系统主要包含对灌溉供需双方和现场设备状态等三方面系统的感知。

按照建立全面感知体系的需求，灌区需要感知水情、相关水工建筑和机电设备的工情，主要感知内容见表5-1。

表5-1　　灌区感知内容

<table>
<tr><th>灌　区</th><th colspan="3">感　知　内　容</th></tr>
<tr><td rowspan="5">水源</td><td rowspan="4">地面水（自流、抽水取水）</td><td>水库</td><td>坝体安全</td></tr>
<tr><td>塘坝（小型灌区）</td><td>坝体安全、
水位、
可供水量</td></tr>
<tr><td>井</td><td rowspan="2">泵站、水站的工情</td></tr>
<tr><td>河湖</td></tr>
<tr><td>地下水（井灌区）</td><td></td><td>水泵工情、水位、流量</td></tr>
</table>

续表

<table>
<tr><th>灌　区</th><th colspan="4">感　知　内　容</th></tr>
<tr><td rowspan="5">输配水系统</td><td rowspan="4">灌溉</td><td rowspan="2">量测水</td><td>渠灌</td><td>流速、水位、流量、水量</td></tr>
<tr><td>管灌、井灌</td><td>流量</td></tr>
<tr><td colspan="2">自动化控制</td><td>闸阀泵的工情</td></tr>
<tr><td colspan="2">信息传输</td><td>网络状态</td></tr>
<tr><td colspan="3">排水</td><td>水质</td></tr>
<tr><td rowspan="3">田间灌溉系统</td><td colspan="3">灌溉供方</td><td>水量计量</td></tr>
<tr><td colspan="3">灌溉需方</td><td>水压</td></tr>
<tr><td colspan="3">现场设备</td><td>工情（电磁阀启闭、电源、通信设备、传感器）</td></tr>
</table>

从灌区现有的工作现状和成效上来看：

（1）水源环节在感知技术层面上基本实现了全面感知（有关坝体安全的相关感知内容参见小型水库综合感知技术部分），但是管理层面上看尚缺少水质监测的相关工作内容。

（2）输配水环节在感知技术层面上应解决量测水、信息传输、自动化控制及排水几个方面的现实问题，但目前除了排水方面的问题是由于缺少水质监测管理因素造成，量测水、信息传输和自动化控制都存在技术应用的痛点，具体如下：

1）量测水方面：灌区主要分渠灌、井灌和管灌多种灌溉方式，井灌和管灌的量水和测水用现有技术成熟的流量计均可达到精准量测的目标。灌溉中量测水的问题主要集中在以渠道方式灌溉的灌区。

a. 采集点少、感知信息少、计量设施覆盖面不广。从前文中灌区感知及技术应用现状的分析来看，目前70%的万亩灌区还未开展渠首取水监测，大中型灌区的斗口普遍缺乏计量设施，支渠、斗渠以及用水户普遍缺乏计量设施。

b. 计量不精准。在一些野外环境复杂的渠道上，泥沙、漂浮物和水流状况等因素都会对量水设施测量的精度造成不利影响。温度变化时，有些设备会产生温飘现象。例如浮子式水位计只适用于泥沙淤积小、测井内不结冰和无干扰环境；压阻式水位计有时飘和温飘；超声波式水位计容易受外界因素干扰，水面漂浮物会影响精度，且有温飘等等。

c. 设备在野外环境下的可靠性问题。由于野外环境复杂，很多设备因为泥沙和腐蚀等自然环境因素影响而失去效用，或者因为动力难以持续和缺乏维护而不能保持长时间的工作状态。

d. 成本问题。由于成本投入有限，量测水设备的布设覆盖范围不足。

2）信息传输方面，主要是时效性问题，感知数据的实时获取及传输受到制约。此外，灌区信息传输手段落后单一，组网不合理，物联网和无线传输等技术应用少。

3）自动化控制方面，灌区现有闸门及配套的控制工程，自动化程度较低，建设标准

 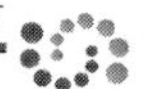

较低，经过几十年的运行，退化、老化和破坏问题较为严重，部分工程不同程度地存在问题。大部分现有或新建取水水利工程缺乏自动启闭设备，且现有手动启闭设备退化老化严重，基本没有配套的自动控制和监测设备。此外，目前灌区控制对象只有泵站和闸门，部分灌区包括少量电磁阀。对于泵站，水泵自身调节应用少，靠启闭台数无法精确匹配流量。闸门能实现遥控启闭，但具有较精确流量控制调节的闸门应用不多，动态配水尚在实验阶段。

（3）田间灌溉环节。从灌区水源管理工作现状和成效上看，距灌区全面感知的需求尚存在以下差距：①传感器测量精度不够，数据质量不满足使用要求；②田间设备缺乏自检功能，不能及时发现设备故障情况，影响实际灌溉效果；③传感器布设不完善，信息采集不全面。

5.3.2 灌区感知设备布设原则

根据高效调度控制以及重点设施和机电设施设备安全运行的需要，结合灌溉条件，灌区需进行科学合理的监测体系布设，包括采集指标方案、采集点布设和通信布局。灌区高效调度控制工作需要采集相关水雨情、水质、土壤墒情、险情、灾情和作物长势信息，并进行感知设备布设；而重点设施和机电设施设备安全运行的管理工作则需要重点采集相关的工情和控制指令，并进行相应感控设备布设。而各类感知设备需要通过合理的通信布局，构成完整的灌区感知体系。

5.3.2.1 感知设备采集指标

灌区全面感知体系建立需要采集以下指标。

1. 水情信息

水情信息指通过河道、渠道和建筑物的流量信息以及水库和地下水的水位信息等。

流量信息在明渠系统可由水位信息通过水位流量关系得到；或者利用上下游水位通过水力学计算得到；也可以通过测量过水断面的流速和水位通过计算得到流量；相关水位、流速感知点位置，参照《灌溉渠道系统量水规范》（GB/T 21303—2017）。

2. 工情信息

工情信息指通过渠道建筑物相关的运行状况以及相关信息，此处提及的渠道建筑物包括：闸门、泵站、倒虹吸、暗涵和暗拱等。相关工情信息的详细描述如下：

（1）闸门工情信息。为配合自动化系统运行，实现全面智慧管理和智能运行，闸门需采集以下工情信息：

1）闸位。即闸门开度信息，平板闸门可采用闸门开启高度；弧形闸门可采用闸门旋转角度或者闸门开启高度；其他类型闸门开采用相应的方法得到闸门运行位置。

2）水位。指闸门运行期间的上下游水位，水位测点位置依据水力学原理布置。

3）水流平稳、安装方便的位置。

4）流量。指闸门运行期间通过闸门断面的流量，流量信息在明渠系统可由水位信息通过水位流量关系得到；或者利用上下游水位通过水力学计算得到；也可以通过测量过水断面的流速和水位通过计算得到流量，相关水位和流速感知点位置，参照《灌溉渠道系统量水规范》（GB/T 21303—2017）。

5）闸门运行状态。闸门门体处于静止、上升或下降状态。

6）闸门工作状态。闸门处于正常、过载或故障状态，闸门是否处于某种限位状态（限位状态指闸门达到最小开度位置、最大开度位置或其他限制状态）。

7）闸门驱动电机运行状态。电机工作的电压、电流和电机温度，此外还包含电源是否缺项、漏电、短路和过载等信息。

（2）泵站工情信息。为配合自动化系统运行，实现全面智慧管理和智能运行，泵站需采集以下工情信息：

1）闸位。即闸门开度信息，平板闸门可采用闸门开启高度；弧形闸门可采用闸门旋转角度或者闸门开启高度；其他类型闸门开采用相应的方法的到闸门运行位置。

2）前池水位。指泵站运行期间的前池（取水池）水位，水位测点位置依据水力学原理布置在水流平稳和安装方便的位置。

3）流量。指泵站运行期间通过水泵管道的流量。

4）泵站运行状态。水泵处于停机或运行状态。

5）水泵电机运行状态。电机工作的电压、电流和电机温度，此外还包含电源是否缺项、漏电、短路和过载等信息。

（3）渡槽信息。为配合自动化系统运行，实现全面智慧管理和智能运行，渡槽需采集以下工情信息：

1）水位。指渡槽运行期间的渡槽上游入口附近的断面的水位，以及渡槽下游渠道出口处的水位，水位测点位置依据水力学原理布置在水流平稳和安装方便的位置。

2）流量。指渡槽运行期间通过渡槽断面的流量，流量信息在明渠系统可由水位信息通过水位流量关系得到；或者利用上下游水位通过水力学计算得到；也可以通过测量过水断面的流速和水位通过计算得到流量，相关水位和流速感知点位置，参照《灌溉渠道系统量水规范》（GB/T 21303—2017）。

（4）暗涵信息。暗涵包括倒虹吸和暗拱等建筑物。为配合自动化系统运行，实现全面智慧管理和智能运行，暗涵需采集以下工情信息：

1）水位。指暗涵运行期间的上下游水位，水位测点位置依据水力学原理布置在水流平稳和安装方便的位置。

2）流量。指暗涵运行期间通过暗涵流量，流量信息在明渠系统可由水位信息通过水位流量关系得到；或者利用上下游水位通过水力学计算得到；也可以通过测量过水断面的流速和水位通过计算得到流量，相关水位和流速感知点位置，参照《灌溉渠道系统量水规范》（GB/T 21303—2017）。

3）暗涵压力状态。暗涵在运行期间的内部压力。

3. 气象信息

气象信息指一定范围（气象站控制范围）内雨量、温度、湿度、风速、风向、蒸发量、光照强度、大气压力和总辐射等信息。

气象信息可以通过设置气象感知站和雨情感知站等方式获得，一般的遥测气象站可提供包含雨量、温度、湿度、风速、风向、蒸发量、光照强度、大气压力和总辐射等信息。如单独需要雨情信息，也可布置单独雨量感知站。

4. 水质信息（包括泥沙含量）

水质信息指水质取水断面的水体的色度、浑浊度、臭和味、悬浮物、余氯、化学需氧量、细菌总数、总大肠菌群、耐热大肠菌群、氨氮、总磷、总氮和阴离子表面活性剂等，水质指标总计106项，可根据需要选择重要的项进行监测。

水质信息可以通过设置固定水质监测站实现水质监测，也可采用人工取水送检，或者使用无人船进行巡检取样送检，如果水质监测断面有其他部门的监测设备也可通过共享数据的方式取得第三方数据。

5. 土壤墒情信息

墒情信息是指作物耕层土壤中含水量多寡的情况。墒指土壤的湿度，墒情指土壤湿度的情况，土壤湿度受大气、土质和植被等条件的影响，可根据需要选择布置墒情感知设备进行监测。

墒情信息可以通过设置固定墒情信息感知设备实现获得墒情信息，也可采用也可通过共享数据的方式取得第三方数据。

6. 控制指令

控制指令包括闸门、泵站和阀门的控制指令。

（1）闸门自动控制。闸门自动控制指通过感知闸门状态、开度、上下游水位、过闸流量、闸门电机运行参数和其他辅助设备运行参数，由驱动闸门电机实现闸门自动控制。其关键感知信息包含：

1）闸门状态。闸门是否处于最高、最低限位或过载状态。

2）闸门开度。闸门开度值，平板闸门可采用闸门开启高度，弧形闸门开采用闸门旋转角度等，依据实际情况进行感知。

3）上下游水位。闸门上游渠道和下游渠道相关水位。

4）过闸流量。通过闸门的流量。

5）闸门电机运行参数。闸门驱动电机的供电电压和工作电流等。

6）其他辅助设备运行参数。

（2）泵站自动控制。泵站自动控制指通过感知泵站前池水位、泵站运行状态、泵站流量、泵站管道压力、水泵电机运行参数和辅助设备参数等信息，然后通过驱动水泵电机运行，实现泵站自动控制。其关键感知信息包含：

1）泵站前池水位。用于判别水泵是否具备运行条件。

2）泵站运行状态。水泵的工作状况。

3）泵站流量。通过水泵流量。

4）泵站管道压力。水泵前后的管道压力。

5）电机运行参数。水泵电机的工作状态、供电电压和工作电流等。

6）辅助设备参数。

（3）阀门自动控制。阀门自动控制指通过感知阀门前水位或者管道压力、阀门运行状态、阀门流量、阀门后管道压力、阀门电机运行参数和辅助设备参数息，实现对阀门驱动电机等相关设备的控制，从而实现阀门自动控制。其关键感知信息包含：

1）阀门前水位（压力）。阀门前为明渠则感知水位，阀门前为管道则感知管道压力。

2）阀门状态。阀门处于完全关闭、某个开启度或完全关闭等状态。

3）阀门流量。通脱阀门的流量。

4）阀门后管道压力。

5）阀门电机运行参数。

6）辅助设备参数。

7. 作物长势

作物长势主要是通过采集作物长势信息，从而估算田间作物的需水量。

8. 险情和灾情

结合视频信息，采集灌区相关的险情和灾情信息。

5.3.2.2 采集点布设原则

根据灌区管理和感知体系建设需求，按如下原则布置各类信息感知点、站和自动控制站点，如果多个原则要求的感知点重复，则不用重复设置。

1. 水情信息布置原则

可选择对水位、流速＋水位、管道流量等要素进行水量监测，依据当地实际需求设置感知站点，为保障感知数据的可靠和长期运行，可采用多要素法进行水情感知。

（1）所有渠道、河道入口下游设置水量监测站点。

（2）所有枢纽的上下游河道（河道一分为二上下游各设置一处，以此类推）。

（3）所有渠道河道的汇入点（汇入点上游、汇合点上游、汇合点下游）、分支点（分支点上游、分支点下游、分支下游）。

（4）渡槽和倒虹吸等建筑物的入口、出口设置水量监测站点。

（5）地下水位。在监测区域布置一定数量的地下水位监测井，并感知地下水位观测井的水位。

（6）水库水位。在水库库区选择适当的水位监测点。

2. 工情信息布置原则

在所有的闸门、泵站、阀控点和闸门控制点布置工情感知系统。

3. 气象信息布置原则

可选择在各个管理处和各县的典型气象田间区域设置气象站，如果对于雨情汇集有需要可根据集雨区域设置雨量站。

4. 水质信息布置原则

在重要水源工程（一二级水源地）所在水体、渠道和河道所在管理单位。行政区划交界处和其他需要进行水质监测的点（重要排污口）进行布置。

5. 墒情信息布置原则

在需要监测墒情的地块或者区域布置监测点，或者通过其他方式判读取得。

6. 自动控制系统布置原则

（1）闸门自动控制系统布置原则。布置在相应的闸门控制现地单元，或者布置在安装一体化闸控设备的控制点。

（2）泵站自动控制系统布置原则。布置在相应的泵站控制现地单元，或者布置在安装一体化水泵控制设备的控制点。

(3) 阀门自动控制系统布置原则。布置在相应的阀门控制现地设备柜中，或者布置在安装一体化阀控设备的控制点。

5.3.2.3 通信布局

由于目前诸多因素影响，如光纤铺设成本高，因而不能实现灌域全覆盖；在南方山丘区，无线传输效率不高，遮挡多，影响了组网的实施效果；网络覆盖条件不成熟，在偏远地区可能无 3G/4G/5G 信号覆盖；灌区覆盖范围大，野外环境复杂，物联通信稳定性特别是极端天气下的通信稳定性有待验证等，造成目前灌区的数据通信无法保证时效性，感知数据的实时获取及传输存在问题，此外，灌区信息传输手段落后单一，组网不合理，物联网和无线传输等技术应用少。

灌区数据通信技术用于灌区数据通信网络的建设。根据灌区信息化及“数字灌区”对通信网功能的要求，建立通信网时采用有线与无线相结合的方式进行。有线网采用专网与公网相结合的方式建立，无线网采用 GSM（SMS/GPRS）、CDMA、超短波、卫星和扩频微波等方式建立。

从灌区全面感知的需求看，感知体系的建设应具备多种通信功能，可采用 GSM 组网、超短波组网、有线组网、卫星组网或上述方式混合组网等多种方式。由于大量水文地势平缓，公网已经基本覆盖，应充分利用公用信道，采用 GSM（GPRS/SMS）、CDMA 或 PSTN 和 NB-IOT 窄带通讯信道，因为超短波通信有着造价低和易维护等优点，因此目前仍可选用。在无公用信道可供利用，超短波通信等难以连通时，则可选用卫星通信。

针对无光纤场景下的固定摄像头视频监控信号回传，或者针对视频监控死角和临时摄像点部署，推荐采用点对多点微波接入进行场景部署。此类场景无论采用视通还是非视通，在传输距离在 10km 以内、带宽大于 20Mbit/s（甚至 150～200Mbit/s 极限带宽）的情况下，均能通过点对多点微波系统进行视频监控信号无损回传。

微波设备采用免费公共频谱资源，支持单点对多点场景。在网络部署采用星型结构，中心节点和末端接入终端呈单点对多点形态，其组网示意图如图 5-1 所示。

中心站点作为汇聚点，与视频监控中心通过有线或者无线方式连接。在各监控点末端传输设备，提供以太网口与各监控点的视频监控设备连接。在严重遮挡的情况下可采用中继模式实现业务回传。

由于使用免费公共频谱，网络信号传输安全需得到保证，链路需采用加密技术进行密文传输。采用单点对多点微波解决末端接入终端和中心节点之间的通信冲突，需采用一定的冲突预防机制，如时分多址（Time Division Multiple Access，TDMA）去保证各末端终端和中心节点之间能够稳定的通信。

微波设备长期暴露在户外，需满足环境要求，要求温度范围在－20～＋65℃，需满足一定的防尘、防水和防雷标准。

在部署方面，需充分利用摄像头立杆，微波设备和摄像头共杆。在供电方面，除了支持市电场景外，在有些地方市电部署不便的情况下，可采用太阳能供电和锂电池备电的方式给摄像头和微波供电。网络设备机柜需满足 IP65 防护等级，需同时支撑远程网管，实现可靠运维，如设备的远程重启、远程监控和集中运维等功能。

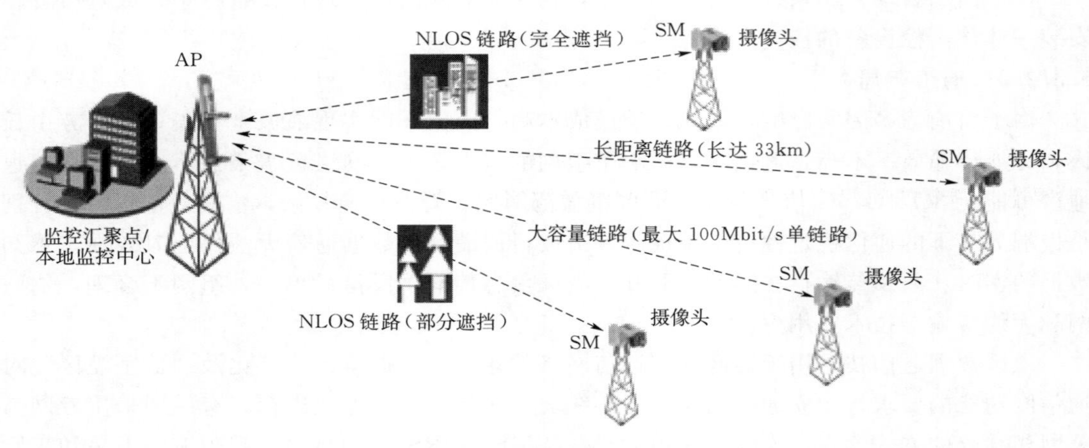

图 5-1　微波传输组网图

1. 与网桥/WLAN 相比

(1) 覆盖距离长。WLAN 一般用于 1～2km 的视频回传，远小于小微波的 40km 覆盖。

(2) 抗干扰性强。小微波基于 TDMA 机制，保证末端节点定收定发，而 Wifi 基于 CSMA/CA 机制，无法保证可靠传输。

(3) NLOS 传输。小微波支持非视通传输，而 WLAN 要求视距传输。

2. 与 4G 网络相比

(1) 不受公网覆盖限制，小微波属于自建组网，4G 网络受到运营商网络覆盖的限制。

(2) 带宽大。小微波支持单个上行 250M，而 eLTE 抗干扰性和微波一样较强，但带宽小 (单个扇区小于 100M，上行小于 50M)，用于视频回传带宽不足。

(3) 时延小、抗干扰强；小微波时延小于 20ms，高于 4GLTE 的 50ms 时延。

5.4　灌区全面感知关键技术

从灌区现有的感知技术应用来看，在量测水方面，井灌和管灌的管道量测水用现有技术成熟的流量计均可达到精准量测的目标。灌溉中量测水的问题主要集中在以渠道方式灌溉的灌区，凸显的问题是计量不精准，一方面是设备本身的因素，另一方面是野外环境的复杂因素。在一些野外环境复杂的渠道上，泥沙、漂浮物和水流状况等因素都会对量水设施测量的精度造成不利影响。温度变化时，有些设备会产生温飘现象。设备应用例如浮子式水位计只适用于泥沙淤积小、测井内不结冰和无干扰环境；压阻式水位计有时飘和温飘；超声波式水位计容易受外界因素干扰，水面漂浮物会影响精度，且有温飘等。此外还存在设备在野外环境下的可靠性问题。由于野外环境复杂，很多设备因为泥沙和腐蚀等自然环境因素影响而失去效用，或者因为动力难以持续和缺乏维护而不能保持长时间的工作状态。

自动化控制方面：灌区现有闸门及配套的控制工程，自动化程度较低，建设标准较低，设备落后老化，部分工程不同程度地存在问题。大部分现有或新建的取水水利工程缺乏自动启闭设备，且现有手动启闭设备退化老化严重，基本没有配套的自动控制和监测设备。此外，目前灌区控制对象只有泵站和闸门，部分灌区包括少量电磁阀。对于泵站，水泵自身调节应用少，靠启闭台数无法精确匹配流量。闸门能实现遥控启闭，但具有较精确流量控制调节的闸门应用不多，动态配水尚在实验阶段。

田间精准灌溉方面：传感器测量精度不够，数据质量不满足使用要求；田间设备缺乏自检功能，不能及时发现设备故障情况，影响实际灌溉效果；传感器布设不完善，信息采集不全面。

要实现灌区全要素和全方位的感知，需解决水源、输配水系统和田间灌溉三大板块目前存在的问题，抓住关键问题弥补灌区感知的短板。为了解决灌区用水粗放和缺少计量，自动化控制水平低下，网络覆盖度不高等问题，从技术可行性和经济可行性等多个方面考虑，提出了解决以上现有问题的关键技术：精准量测水技术、机电设备的远程一体化自动控制技术和精准灌溉感知关键技术。

综合考虑设备特性及其在实际应用场景中的适配性，科学选择量测水设备，并注重新技术新方法的推广应用，是实现精准量测水的重要途径。

实现机电设备的远程集控和一体化闸门的无线控制，对闸门进行实时控制，完成对设备参数和运行工况的实时监测，有效地提高设备的可靠性和自动化水平，是实现灌区远程一体化自动控制的主要技术路线。

基于智能化高效节水灌溉工程项目区的气象、墒情及农作物需水情况，通过灌溉决策系统模型，产生最优灌溉方案，自动控制农田的灌溉和排水，保证农作物的正常生长，是实现田间精确灌溉的技术手段。

5.4.1 精准量测水技术

灌区量测水是一项基础的和关键性的技术，是灌区管理部门进行正确引水、输水和水量调配的主要手段，为实现灌区水资源配置优化和现代化提供基础资料。精准的量测水可为灌区管理中的计划、引水、调度、评价和验证提供可靠数据支持。

（1）计划。测算年月日不同时段渠道水位流量变化过程，为编制渠系用水计划提供依据。

（2）引水。根据用水计划和水量调配方案，及时准确地从水源引水，并配水到各用水单元。

（3）调度。为灌区实施用水“总量控制”“定额管理”和“按方计费”等提供依据。

（4）评价。分析评价灌水质量和灌溉效率，修正供配水方案，指导和改进用水管理工作。

（5）验证。验证和核定渠系建筑物输水能力和输水损失，为灌区改建扩建等提供规划设计等基本资料。

灌区量测水的感知终端包括数据采集、数据管理和后备电源，实现对现场数据的实时采集、处理、存储及保护。数据采集由模拟量输入模块和数字量输入模块组成，实现现场数据的实时采集。数据处理是包含数据采集控制、数据预处理数据存储保护、数据通信控制等模块的单片机应用系统，在数据采集终端允许的条件下，对采集到的数据做适当的运算处理，并对其进行可靠保护，为数据通信做好准备。

灌区量测水感知终端中可提取的主要感知要素包括流量、总水量、水位、水质和降水量等信息。不同应用场合的流量监测方法不同。明渠中的流量监测是间接测量，不能直接测得流量，而是要测量水位、水深、断面起点距和流速等多个要素，然后用数学模型计算得到流量。因而流速、水位、水深和起点距成为直接的监测要素。用于满管管道流量测量的管道流量计，可以直接测得流量数据。用于非满管管道流量测量的管道流量测量设施，也属于间接测量，需要测量水位和流速，然后用数学模型计算得到流量。灌区取用水监测得到的是在某一时段内，流过明渠或管道测流断面的水量，而以水的体积计量的总水量（累积水量），需测量流量随时间的变化过程，进而得到总水量。

从灌区全面感知需求上看，量测水感知体系建设应该安全可靠、技术先进、功能齐全、配置经济合理、维护方便、具有良好的稳定性和可扩充性。

1. 量测水设备的要求

感知终端能自动和实时获取灌区灌域内的水位（流速、流量）、雨量、闸位及土壤墒情等数据，并通过通信信道将数据传送至数据中心或站点。感知终端设备应结构简单、性能可靠且功耗低，并具有防潮湿、防盗、防火、无雨衰、防雷电、抗干扰和抗暴风等措施，均能在复杂野外环境且无人值守的条件下长期连续正常工作。

2. 量测水技术的要求

测量精度方面，对灌区取用水监测水位、流速和流量的方法与水文测验、管道流量测量方法基本相同；在明渠中监测时，量测水监测的要求可能比一般水文测验高一些，但在管道流量测验中，两者要求基本一致。对仪器设备的测量准确性要求是明渠流量测量误差不大于5%；部分堰槽测流的流量测量误差允许不大于8%；管道流量测量误差不大于5%；水位测量的误差不大于2%量程，或不大于±2cm。上述要求中，明渠流量测量误差要求较高。在《河道流量测验规范》（GB 50179—2015）中，流速仪法的测量成果被认为是最准确的，可以作为其他测流方法的标准。

但目前的灌区量测水技术尚未达到相关要求，主要存在以下问题：

（1）设备应用场景局限问题。很多传感器都有各自应用场景的局限性，浮子式水位计只适用于泥沙淤积小、测井内不结冰和无干扰环境；压阻式水位计有时飘和温飘；超声波式水位计容易受外界因素干扰，水面漂浮物会影响精度，且有温飘等。当外界环境发生变化并产生对设备的不利因素或是将设备布设在不适用的环境时，量测水设备的测量结果难以准确反映真实的水情信息。

（2）成本投入问题。很多灌区年灌溉频次低，对于农业用水灌区一年放水两次的情况下，量测水设备的购置成本和运维成本与实际生产收益回报差距太大，成本投入是关键问题。

（3）生产设备的国内厂家的技术相对国外技术较落后。国产量测水设备虽然成本低于进口产品，但产品使用寿命和效果不如进口商品。

（4）量水堰槽与渠系建筑物配套不协调，标准化程度差。

（5）量水建筑物只注重量水的功能，忽略了技术的适用性和实用性。

（6）量水建筑物未能与流量控制建筑物统一或协调配合。

（7）量水设备流量与水量量测信息采集手段落后，技术滞后。

（8）量水槽与渠系规划设计相互脱节，导致修建量水槽后降低了渠道设计流量。

因此，通过科学运用量测水设备以及推广新技术、新方法的技术应用形式，解决设备应用场景局限、设备先进性欠缺以及成本约束等问题。

5.4.1.1 量测水方法

灌区量测水主要面向明渠和管道两类对象，测量要素为水位和流量。

1. 灌区测流

明渠流量测验方法和常用水文测验方法相同，分为流速面积法、水力学法、示踪剂法和容积法。

流速面积法可以分为：①测量点流速的流速面积法；②测量剖面流速的流速面积法；③测量表面流速的流速面积法。

水力学法分为：①堰槽法测流；②水工建筑物测流；③比降法测流。

示踪剂法用于较小流量测量，国内基本不使用，但国外仍有一定范围的应用。示踪剂法分为：①一次投入法；②恒定流量投入法。

容积法是指在部分潮汛影响河流河段内，用河道槽蓄量的变化推算潮流量的方法。

管道流量计分为：①流速面积法流量计；②体积法流量计。此外还有文德利管、堰箱、涡街、孔板等其他形式的流量计。

电磁流量计、声学流量计和流速仪流量计等属于流速面积法测量方法。部分水表属于体积法流量测量方法。文德利管、涡街和孔板流量计也可以测量流速，但并不直接测得流速。

灌区量测水按照国标《灌溉渠道系统量水规范》（GB/T 21303—2007）实施，量水方法分为5大类，其中：①流速仪量水；②标准断面量水；③渠系建筑物量水；④堰槽量水；⑤计测仪表量水。

灌区量测水方法的精度排序如下：①有压管道测流；②流速仪量水、堰槽量水；③标准断面、明渠流量计；④建筑物量水；⑤浮漂、表面流速、谢才公式计算。

2. 灌区水位测量

常用的水位测量仪器有水位测针、浮子式水位计、压力式水位计、雷达水位计、超声波水位计、激光水位计、电子水尺和磁致伸缩液位计。它们都可用带固态存储器的遥测数传终端（RTU）采集和记录水位数据，并通过与无线或有线信道相连，构成水位自动监测站。

（1）浮子式水位计用浮子感应水位，浮子漂浮在水位井内，随水位升降而升降。

（2）压力式水位计通过测量水下某一固定点处的静水压强，再根据水体容重，得到该固定点水深，由此固定点高程从而得到当时的水位。

（3）非接触式水位计主要有雷达水位计、超声波水位计、声波水位计和激光水位计四种。

(4) 电子水尺可分段安装，每根水尺的水位准确度能保证小于其分辨力。使用多根水尺时，每根水尺都有各自的零点高程，不会产生任何累计误差。

(5) 水尺是水位直接观测设备中最基本的一种。水位测针、悬锤式水位计和洪峰水尺也被列入水位直接观测设备。用水尺观读水位是最基本的水位观测方法，也被认为是最准确的水位观测方法，任何水位测量仪器都以水尺人工观测的水位作为基准。水尺分为直立式水尺、斜坡式水尺和矮桩式水尺三类。

5.4.1.2 量测水设备的环境适应性

量测水技术的精准应用离不开量测水设备的合理布设，在遵循设备布设原则的基础上，还需要充分考虑设备的环境适应性。

1. 设备选择基本原则

量测水设备选择总的基本原则包括准确度、适应性、便捷性、灵敏度和抗干扰。

(1) 准确度。量测水设备应具有一定的量水精度和准确度，以满足需求为原则。

(2) 适应性。量测水设备应与渠道的过流能力相适应，造价低廉，施工简易，观测方便。

(3) 便捷性。测算要简捷，观测和计算要简单，宜行水头损失要小，测流范围要大。

(4) 灵敏度。测水设施应具有适当的灵敏度，能够正确及时感知水情变化。

(5) 抗干扰。抗干扰是指消除水质、水温和泥沙等影响。

2. 主要量测水设备技术标准

(1) 测流仪器相关技术标准。测流仪器包括但不限于以下列出的技术标准：《封闭管道中流体流量的测量　科里奥利流量计的选型、安装和使用指南》(GB/T 20728—2006)、《封闭管道中流体流量的测量　用安装在充满流体的圆形截面管道中的涡街流量计测量流量的方法》(GB/T 25922—2010)、《用安装在圆形截面管道中的差压装置测量满管流体流量》(GB/T 2624—2006)、《智能气体流量计》(GB/T 28848—2012)、《封闭管道中流体流量的测量　V形内锥流量测量节流装置》(GB/T 30243—2013)、《科里奥利质量流量计》(GB/T 31130—2014)、《封闭管道中流体流量的测量　气体超声流量计》(GB/T 34041—2017)、《气体旋进旋涡流量计》(GB/T 36241—2018)、《环境保护产品技术要求超声波管道流量计》(HJ/T 366—2007)、《环境保护产品技术要求电磁管道流量计》(HJ/T 367—2007) 和《环境保护产品技术要求超声波明渠污水流量计》(HJ/T 15—2007) 等。

(2) 水位测量仪器技术标准。我国将水位测量仪器分为浮子式水位计、压力式水位计、地下水位计、超声波水位计、电子水尺、遥测水位计和水位测针七类，分别有产品标准对该类仪器的技术要求进行了规范，其中的水位测量准确度是标准的主要要求。此外，在《水位测量仪器通用技术条件》(GB/T 27993—2016) 和《水文仪器基本参数及通用技术条件》(GB/T 15966—2007) 中也提出了水位测量准确性要求。七类设备技术要求如下：《水位测量仪器　第1部分：浮子式水位计》(GB/T 11828.1—2002)、《水位测量仪器　第2部分：压力式水位计》(GB/T 11828—2005)、《水位测量仪器　第3部分：地下水位计》(GB/T 11828.3—2012)、《水位测量仪器　第4部分：超声波水位计》(GB/T 11826.4—2011)、《水位测量仪器　第5部分：电子水尺》(GB/T 11826.5—2011)、

《水位测量仪器 第6部分：遥测水位计》（GB/T 11826.6—2008）和《水位测针》（SL/T 147—1995）等。

3．主要量测水设备应用指标

（1）电磁流量计。

1）精度等级。宜选用满量程输出误差小于±1.5%～±2.5%的流量计。

2）前后置直管段长度。前置直管段长度应大于5倍管径，后置直管段长度应大于2倍管径，在此范围内不应安装闸阀。

3）流速、口径。选定的仪表口径可与管径不同。上限流速不超过5m/s，下限流速不小于0.5m/s。

4）变送器应有耐压密封性能试验报告。

（2）流速仪量水条件。

1）无水工建筑物及特设量水设备不可利用的情况下使用。

2）对明渠而言还必须辅助水位测量。

3）渠段平直，渠床比较规则完整，无显著变形。

4）水流均匀平稳，无漩涡及回流。

5）渠段内无阻碍水流的杂草、杂物及建筑物。测流渠段长约50～100m，设两个辅助断面及一个测流断面，辅助断面设在渠段两端，测流断面设在上下两辅助断面之间。

6）对测流断面应进行断面测量。

（3）旋杯式水量计。

1）旋杯式水量计可使用于多泥沙缓坡渠道（小于1/10000）。

2）测流范围。不同产品的量水计的测流范围不同，最小为0.05～0.6m^3/s。

3）测流涵洞中的流速应小于2m/s。

4）测流涵洞应在淹没流条件下工作。

5）测流误差应不大于±5%。

（4）测流堰槽的选用。

1）薄壁堰是基于溢流水舌下充分发展的收缩水流，用于精度要求高的情况，特别适合在实验室工作和人工河道上的测流作业。矩形和V形薄壁堰最适合用于临时性的装置上。三角形薄壁堰特别适用于高、低水流量比例较大和对低流量精度要求较高的情况。

2）宽顶堰最好用于对堰顶藻类和上游淤积能定期清除维护的矩形河槽上，圆缘宽项堰最适合用于中小型测流设备上，矩形宽顶堰适用于实验室和野外条件，V形宽顶堰特别适合于流量变幅较大及落差很小的河道水流测量。

3）三角形剖面堰特别适用于希望水头损失最小而精度要求较高的天然河道的水流测量。

4）流线型三角形剖面堰、平坦V形堰、复合型测流建筑物、梯形剖面堰末端深度法、测流槽（矩形测流槽、梯形测流槽、U形喉道测流槽、巴歇尔和孙奈利测流槽）等。巴歇尔和孙利测流槽设计要能够在自由流和淹没流条件下运行，可用于水流稳定或缓慢变化的明渠和灌渠上。

（5）其他测流设备。

1）超声波时差法（明渠）测流仪测流。可采用微型声学多普勒流速剖面仪，用于灌区计量巡测。

2）雷达波流速流量监测利用雷达多普勒效应测量水面点流速及明渠水位。雷达波流速仪测速范围：0.3～15m/s。使用电波流速流量仪测量流速时，仪器不必接触水体，即可测得水面流速和水位，属非接触式测量。测速时，仪器架在岸上或桥上，工作时电波流速仪发射的微波斜向射到需要测速的水面上。由于采用无接触远距离实现流速测量，不接触水体，不受含沙量和水草等影响，特别适合于高流速测验和桥上测流。加上整套仪器体积小、功耗低，还非常适合于随小型车船进行巡测等野外作业。

3）非接触雷达缆道测流装置采用无接触式雷达传感器并结合两种雷达测量技术的方法。流速测量采用多普勒频移技术，水位采用时间延迟手段测量。

4）高流速流量站装置结构精简，在缆道设施基础上安装，实现高洪自动测验，不受漂流物和泥沙的干扰影响。其流速测量范围0.3～8m/s，分辨率1mm/s，测量频率24GHz，发送角度12°，水位测量范围0～30m，分辨率可达1mm。

（6）水位测量设备。

1）浮子式水位计用浮子感应水位，浮子漂浮在水位井内，随水位升降而升降。浮子式水位计可以用于能够建造水位井的所有水位观测点，并必须安装在水位井内［《水位测量仪器　第1部分：浮子式水位计》（GB/T 11828.1—2002）］。浮子式水位计适合于泥沙淤积小、测井内不结冰和无干扰的环境。

2）压力式水位计通过测量水下某一固定点处的静水压强，再根据水体容重，得到该固定点水深，由此固定点高程得到当时的水位。压力式适合于含沙量大、不宜建测井或观测建筑物的环境，应注意泥沙影响精度，压阻式有时飘和温飘，并需要定时率定［《水位测量仪器　第2部分：压力式水位计》（GB/T 11828.2—2005）］。

3）非接触式水位计主要有雷达水位计、超声波水位计、声波水位计和激光水位计四种，超声波式容易受外界因素的干扰，水面漂浮物会影响测验精度，同时超声波水位计有温飘，需定时率定，因此，必要时需加装补偿和校正装置［《超声波水位计》（SL/T 184—1997）及《水位计通用技术条件》（SL/T 243—1999）］。超声波水位计受温度影响，测量精度有限，量程一般小于5m。激光水位计主要技术指标：水位测量精度包括3mm（30m量程）和5mm（100m量程）；测程0～100m；设备工作环境－10～50℃；单次或连续测量反应时间5s（5～300s可调）；供电间歇式。

4）电子水尺可分段安装，每根水尺的水位准确度需保证小于其分辨力。使用多根水尺时，每根水尺都有各自的零点高程，不会产生任何累计误差。但电子水尺会有因水位感应和波浪造成的误差。电子编码水尺不受水质、含沙量以及水的流态影响，应该适用于大量程水位测量和复杂水流处。

5）水尺是水位直接观测设备中最基本的一种。水位测针、悬锤式水位计和洪峰水尺也被列入水位直接观测设备。用水尺观读水位是最基本的水位观测方法，也被认为是最准确的水位观测方法，任何水位测量仪器都以水尺人工观测的水位作为基准。

水尺分为直立式水尺、斜坡式水尺和矮桩式水尺三类。水尺要设置在岸边容易到达的地方，以便以最可能接近的距离读取水位；水尺必须尽量安装在受风浪影响较小的地点。

4. 设备应用方案

灌区灌溉方式主要有渠灌、井灌和管灌，针对流量监测，量测水设备的应用范围主要为管道测量和明渠测量。

(1) 管道测流。有压管道测流方式所用设备包括电磁流量计、管道超声波流量计（插入式、外夹式）和冷水表。各设备的测量精度、适用范围和经济适用性情况见表 5-2。

表 5-2　　管道测流参数

设备	测量精度	适用范围	经济适用性
电磁流量计	可达±0.5%	适用管径小于 2000mm	造价高，一般用于中小型管道和测量精度要求高的场合
管道超声波流量计	可达±（1～1.5)%	管径不限	价格中等，且管径对价格影响不大，适用于大中型管道
冷水表	可达±2%	适用管径小于 500mm	价格低廉，适用于小型管道的流量测量

(2) 明渠测流。明渠测流主要针对渠首、枢纽、干渠交接断面、支渠口、斗口、田间和排水口等各量水点。其中：渠首、枢纽和干渠交接断面量水点一般选用的量水方法为标准断面量水法、声学多普勒量水法、流速仪自动（半自动）缆道测流法和建筑物量水法；支渠口量水点一般选用特设量水设施（堰槽）、建筑物和标准断面等量水方法；斗口量水点一般选用特设量水设施（堰槽）量水；田间量水点一般选用特设量水设施（堰槽）量水或浮漂法；排水口量水点一般选用谢才公式、建筑物和标准断面量水。

标准断面测流是在灌区重要流量交接断面处建水位流量实时监测遥测站，遥测终端水位数据由浮子式水位传感器采集，数据通过手机 GPRS 传送至各干渠管理处分中心站和管理局中心站计算机，计算机软件以该断面流速仪实测率定的水位—流量关系曲线推算流量。

水位流量遥测站测流主要由自动测报终端 RTU、雷达式水位计（雷达式、超声波式、磁致伸缩浮子式）、数据传输 DTU 模块和太阳能供电系统、防雷接地等组成，实现了灌区取水口水位自动监测，利用已率定的水位—流量关系曲线换算流量，自动将流量数据报至中心站数据库。

一体化明渠水位计由数据采集终端、GPRS/GSM 通信装置、电池和磁浮式水位计组成。主要应用于灌区渠道水位、流量实时监测、小型农田水利信息化系统水位实时监测、城市防洪低洼位置水位实时监测、污水处理水位和流量实时监测等。

堰槽法测流和水工建筑物测流是典型的应用水位流量关系的测流方法。堰槽法测流时，一般只需测量上游水位，得到堰上水头，即可计算流量。如果呈“淹没”状态，需要同时测量上下游水位，再推算流量。水工建筑物主要指闸、涵洞、水电站和泵站等水工建筑，也可以包括堰。根据这些水工建筑物的过水形状和水位—流量关系，同样可以测得上游水位（水头）或上下游水位，再根据已确定的水位—流量关系推算流量。

量水建筑物测流利用已建的巴歇尔量水槽、无喉道量水槽、三角剖面堰和矩形量水堰等量水。在灌区末级渠道的量水设施中，我们认为巴歇尔量水槽和无喉道量水槽结构合理，施工方便，投资适中，流量成果精度高，容易掌握，方便群众监督，是支渠、分渠和部分斗渠较合适的测流手段。对于农渠以及毛渠，我们认为设置结构简单、造价低廉、测算简捷、损失水头小和抗干扰能力强的无喉道量水槽最为合适。

明渠水流上的堰、闸门和涵洞可用于水工建筑测流，水电站和泵站也可用作水工建筑物测流。堰、闸门和涵洞的形状稳定，水流遵循一定水力学原理流过水断面和水道。水工建筑物上下水位有一定落差，在一些场合形成自由流，水位流量关系比较稳定，测得上游水位（水头）后可以根据水位—流量关系推算流量。在一些场合可能是“淹没流”状态，如果“淹没”程度在一定范围内，测量水工建筑物上下游水位（水头）差，也可以从“淹没流”状态时的水位（水头）—流量关系推算流量。只是淹没流时，推算流量比较复杂，流量测量准确度也要差一些。通过水电站水轮机的水流，将其能量转换成发电机的输出功率，根据坝上下水头差、发电机输出功率和水力发电机效率系数，可以推算出发电机的过水流量。测流时测得发电水头（上、下游水位）和发电功率，按照发电效率系数由已率定的发电机单机流量计算公式计算发电机单机流量。单机流量相加，得到多台发电机工作流量。

综合以上分析，灌区测流方案应遵循以下原则：

（1）在有水工建筑物的站点，经调查与分析具备测流条件时优选考虑采用建筑物法测流，对现有的建筑物测量断面条件不能满足要求的站点，以及需要整治改造的站点，应考虑工程整治费用。

（2）水电站和泵站取水管道条件满足测流仪器安装要求及施工方便的站点优先考虑采用管道测流。

（3）对河（渠）道宽度大于100m的断面应采用超声波时差法流速仪测流，对河（渠）道宽度为10～100m的断面应优先选用进口的时差法超声波流速仪测流，在经费受到限制时，可选用多普勒流速仪测流（注：国产适用于河（渠）道宽度为10～100m测流的超声波时差法流量计已有产品，但设备的可靠性和稳定性需进一步考证）以及流速仪缆道测流。

（4）对宽度5～10m的河（渠）道，目前国产的明渠超声波时差法流量计性能稳定、可靠，造价低廉，可供选用；标准断面法也可以选用。

（5）对1～5m的河（渠）道，如现场土建施工条件方便，投资小的站点应优先选用堰槽法测流。在实施灌区续建配套与节水改造的灌区，应在渠系建设过程中同步考虑测流堰槽的建设。

（6）标准断面水位流量关系法、水位＋点流速测流法在不具备长期率定（比测）条件和能力的站点不建议采用。

(7) 管道测流优先考虑采用电磁流量计；在不具备截管施工条件时，可采用插入式超声波流量计；在管道直管段长度不能满足要求、又不具备安装电磁流量计条件的站点，应采用超声波多声道时差法流量计；一般情况下不建议采用外敷式超声波流量计；不允许采用点流速式流量计。

而对于水位监测，灌区在不同场合测量水位的水量计量，应结合测量设备对环境的适应性，按需选择不同水位测量设施。

(1) 堰槽法测流时，水位变幅小，但需要测得较高分辨力和准确度的水位值，主要选择水位测针、气介式超声水位计和浮子式编码水位计测量水位。

(2) 用闸、涵洞、电站和泵站等水工建筑物测流时，需要在河道、水库和蓄水池中测量水位，一般具有建造水位井的可能，常主要采用浮子式水位计。水位变幅不大时可以采用电子水尺和不需测井的各类水位计。

(3) 渠道中水位测量条件较好，各种水位测量设施都可以应用，主要使用浮子式水位计，也可应用气介式超声波水位计和雷达水位计。

(4) 地下水水位测量主要应用悬锤式水位计、浮子式水位计和投入式压力水位计。

(5) 管道流量测量技术使用测量点流速的流速仪安装在管道内，测量管道内固定点的流速，由此点流速推求平均流速，再计算流量。可以使用转子式流速仪、电磁流速仪和声学多普勒点流速仪测量点流速，这些设备需要固定安装在管道内。

(6) 亦可通过一体化测控闸自动监测水位和闸门开度，开展水位流量率定，通过水位流量关系拟合生成关系曲线，为自动计算的流量数据进行误差校准分析，为原始数据筛选和用水量的整编提供了充分的依据，实现各过闸实时水量和累计水量的计量与统计分析。

5.4.1.3　新技术新方法的推广应用

随着领域内科学研究的不断深入和相关技术的不断发展，在传统量测水技术的基础上，除了充分利用量测水设备的环境适应性以外，量测水技术的应用更注重经济性、实用性、准确性和便捷性。一方面，将科研成果充分应用于实际，达到测量结果更精准、测量成本更经济的效果；另一方面，充分将先进的产品设备用于实际的灌区管理工作，大力提升设备的性能。

1. 智慧流量计

智慧流量计就是将科研成果充分应用于实际的典型范例。

已有的流量计按其性价可大致划分为两大类：第一类售价低廉、精度有限、数据可靠性差，在实际应用中聊胜于无；第二类测量精度稳定、数据可靠性高，但大规模部署成本高，无法支撑复杂河/渠/沟/管网的水运动信息收集，难适应于智慧水利的战略部署。

智慧流量计仅利用水位/水压信息，借助大规模深度算法，运用 GPU 并行计算技术、全隐式标量耗散型有限体积法和大规模遗传优化算法等，实时计算获得高精度流量信息。该技术已成功运用于河北某灌区主干渠/管流量的实时获取。

智慧流量计仅需获取渠道两个水位，就能通过高效高精度的求解二维地表浅水方程组反算获取渠道的流量。智慧流量计原理图如图 5-2 所示。

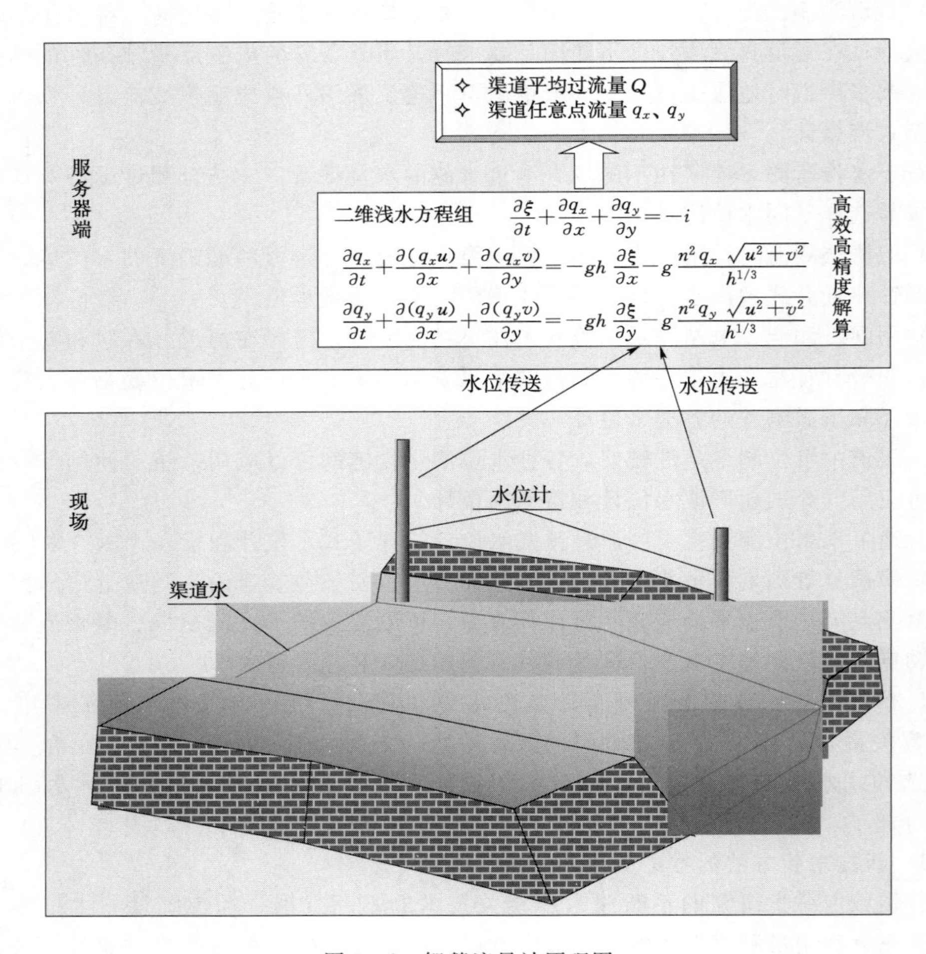

图5-2　智慧流量计原理图

2. 先进设备的应用

传统设备仅注重于单纯的量测水功能，但随着物联网和云计算技术的不断发展，监测数据的实时上传和实时处理将成为现实。量测水设备终将集数据采集、数据处理和数据传输多种功能于一体，形成智慧灌区的智能感知终端。

现有一体化智能量测水设备装置，可实现闸位、水位、限位和控制等功能为一体，并通过通信芯片实现站点监测数据的无线上传。包括闸门本体、闸位测量装置、电机驱动装置、限位保护组件、供电模块和遥测模块。其中闸门本体包括框体以及闸板，框体底部和侧边设置有固定密封结构，电机驱动装置固定在框体顶部，电机驱动装置的驱动杆与闸板连接用于驱动闸板升降，闸位测量装置安装在框体内侧面用于测量闸位，限位保护组件包括固定在闸门上的限位控制装置、设置在电机驱动杆上的防卡滞装置以及固定在框体内侧面的上限位开关和下限位开关，上限位开关和下限位开关能够令供电模块断电。

5.4.2 机电设备的远程一体化自动控制技术

智慧化管理的灌区，在实现精准量测水的前提下，可实行科学按需供水。水量分配的过程可通过对灌区内闸门的远程自动化控制实现。根据调度管理中心的水量分配指令，通过远程控制水源处的取水口闸门启闭和闸门开度或泵站流量调节等，以及各级渠系管道闸门的工作状态，实现科学精准的水量控制。灌区感知体系通过获取闸门的工情信息，通过灌区控制网下发控制指令，实现对灌域内设备的远程自动化控制。

目前灌区设备老化、退化以及破坏严重，一方面是因为野外环境恶劣和无人维护；另一方面，也是经费不足，管理力度不够造成的。从技术层面上看，自动化技术应用落后，未采用先进的一体化测控设备和物联网、无线传输等技术；控制任务操作频次不高的情况下，管理人员更趋向于信任人工控制的安全可靠性。以上现实情况造成灌区现有闸门及配套的控制工程，自动化程度较低，建设标准较低，经过几十年的运行，退化、老化和破坏问题较为严重，部分工程不同程度地存在问题。大部分现有或新建的取水水利工程缺乏自动启闭设备，且现有手动启闭设备退化老化严重，基本没有配套自动控制和监测设备。此外，灌区现有的控制对象只有泵站和闸门，部分灌区包括少量电磁阀。对于泵站，水泵自身调节应用少，靠启闭台数无法精确匹配流量。闸门能实现遥控启闭，但具有较精确流量控制调节的闸门应用不多，动态配水尚在实验阶段。

为了改善以上局面，我们需要从机电设备的远程集控和一体化闸门的无线控制两个层面来实现灌区机电设备的自动化控制。

5.4.2.1 机电设备的远程集控

对于干渠及其他重要的大型闸门和泵站等设施，通过以太网环境下的计算机监控实现各闸门、泵站电机与辅助设备的现地和远程操作，运行参数的实时监测、现场运行过程的动态模拟，实现各闸泵的遥测遥控及输配水自动化。可对其进行实时控制，完成对设备参数和运行工况的实时监测，有效地提高设备的可靠性和自动化水平，改善管理人员的工作条件。

远程集控分为中控室的站控级监控和现地控制单元 LCU。站控级 SCADA 系统采集现地控制单元 LCU 的信息号，并发送指令给地控制单元 LCU，实现集中自动控制。控制模式主要包括远程调度、现地自动控制及现地手动控制。控制权分为现场监控室和现地控制两级，主、备工作站计算机系统可以进行无扰动切换。控制权优先顺序为“现地控制、现场监控室”。现地设备均配备手动/自动切换的操作按钮，当上位机和 LCU 出现异常时（如通信中断等）或在检修试验时，实现现地开停机操作。

5.4.2.2 一体化闸门的无线控制

基于灌区组网技术，选用动力可靠、室外环境可用和精度高的一体化测控设备。

支渠及以下渠道闸群自动控制和过闸流量在线监测，可通过全部安装测控一体化闸门的方式，实现对已安装相关设施的渠道进行全渠自动控制。测控一体化闸是依据水力学原理设计，集测、控于一体的新型闸门，它具有流量计量精度高和良好的水位控制特性，在基于开放式的标准 IT 技术和 SCADA（监控和数据采集）平台基础上，将传统人工操作、输水损失较大的明渠灌溉系统转换成反应迅速、高效灵活的全渠道自动一体化遥测和遥控系统。

渠道闸群控制通过在渠道安装测控一体化闸实现供水全过程自动监测与控制，通过数据交换与集成整合，可延伸至渠首到田间的高效全自动灌溉。主要由以下几部分组成：

1. 测控一体闸

将流量测量与上下游水位、闸门的控制和开度的测量结合为一个整体来精确控制和测量渠道内水量。测控一体闸根据水力学原理设计，是集流量测量、上下游水位监测和闸门开度于一体的新型闸门。设备主要包括四部分：本地控制基座、太阳能驱动系统、水位传感设备和铝合金材质闸门。

（1）本地控制基座。通过给每一个自控闸配置本地控制基座，用来为闸门供电和控制闸门，并通过配置键盘和液晶屏，可以让农户直接查看水量使用情况，管理人员可通过基座现场监控和故障排查。

（2）太阳能驱动系统。设备支持交流供电及太阳能供水两种方式。在不具备交流电供电环境，以太阳能供电为主要方式。

（3）水位流量计量传感设备。集成压力式或超声波水位计，通过密封工艺将上下游水位传感器隔离，结合闸门开度计量，实现对流量的自动计算。

（4）铝合金材质闸门。采用航空级高强度铝合金材质制作闸门主体，适用于各类水质污染和恶劣灌溉环境，适应于大温差环境。通过对感应器的密闭封装，可避免外界震动及电磁装置影响。

2. 通信技术

测控一体闸应支持多种通信方式，连接调度中心和现场控制点，是实现远程监测和控制的信息传输介质。考虑到现场环境及建设需求，本项目以4G/3G/GPRS为主要通信信道，实现远程监控测控一体闸闸门的数据传输。

3. 智能控制

通过各级输水节点的远程控制，结合灌溉调度需求，对灌溉渠系实施全自动化过程控制；可精确控制上下游水位，智能模拟渠道工作和运行。根据运行状态将所有一体化测控闸门和其他设备（泵站等）连接至数据中心，通过对闸门持续调整，使整个灌溉系统始终处于最佳工作状态，从而优化了渠系供水，不仅可为农户提供恒定的大流量供水，而且可以消除渠道尾端的不必要的溢流，从而将传统的人工控制和灌溉用水损失较大的明渠系统改造成反应迅速、高效灵活的自动化计算机控制系统，在节省大量劳动力的同时，降低水损，优化灌溉用水效率，实现真正的按需供水。

对于资金有限的地区，已有成熟的技术对现有闸门进行改造，安装一体化控制装置，使其发挥一体化测控闸门的作用。

5.4.3　精确灌溉感知关键技术

5.4.3.1　技术应用

基于智能化高效节水灌溉工程项目区的气象、墒情及农作物需水情况，通过灌溉决策系统模型，产生最优灌溉方案，自动控制农田的灌溉和排水，保证农作物的正常生长，实现精确灌溉，基本消除在灌溉过程中人为因素对作物造成的不利影响，提高操作的准确性

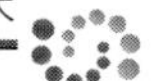

和高效性，以达到科学管理的目的。

以大田果树园区小管出流灌溉方式为典型设计，田间智能化高效节水灌溉布局示意图如图5-3所示。

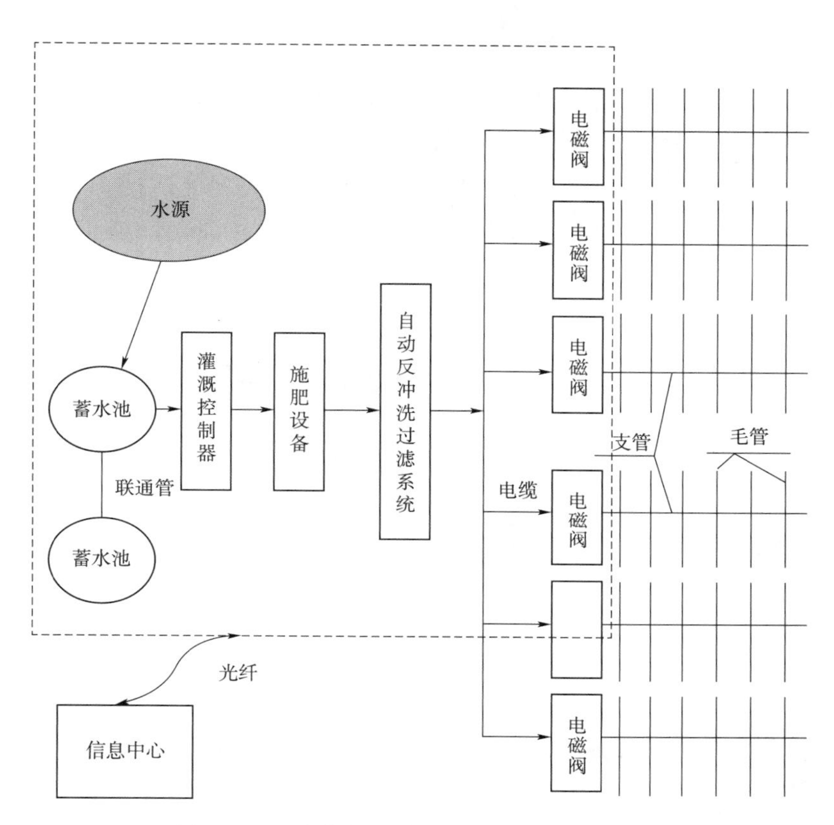

图5-3 田间智能化高效节水灌溉布局示意图

该系统的感知技术包含如下部分：

(1) 智能感知系统。运用先进的传感设备，自动、实时、准确地采集水情、墒情和水量（水压）等信息。

(2) 智能控制系统。包括泵站自动化控制系统和田间智能控制系统。

(3) 视频监测系统。泵站、蓄水池和灌溉系统首部等视频图像监视。

感知系统应兼顾“前瞻性、实用性、经济性、先进性”，最大限度发挥高效节水优势，进一步节约灌溉用水，提高生产率，降低劳动强度，有效提高灌溉管理水平。通信方式应能适应障碍物较多的复杂环境。本文选取以下两种典型场景，提出针对性的精确灌溉感知关键技术，符合中国农业未来发展方向。

1. 田间水肥一体化智能灌溉感知技术（农业精品示范园的田间灌溉）

水肥一体化智能灌溉感知系统如图5-4所示主要包括田间RTU灌溉控制器、施肥设备、气象监测系统、远程土壤墒情测报系统、远程管道压力、流量监测系统和远程作物长势视频监测系统等部分。通信系统架构及组成如图5-5所示。

图 5-4 水肥一体化智能灌溉感知系统

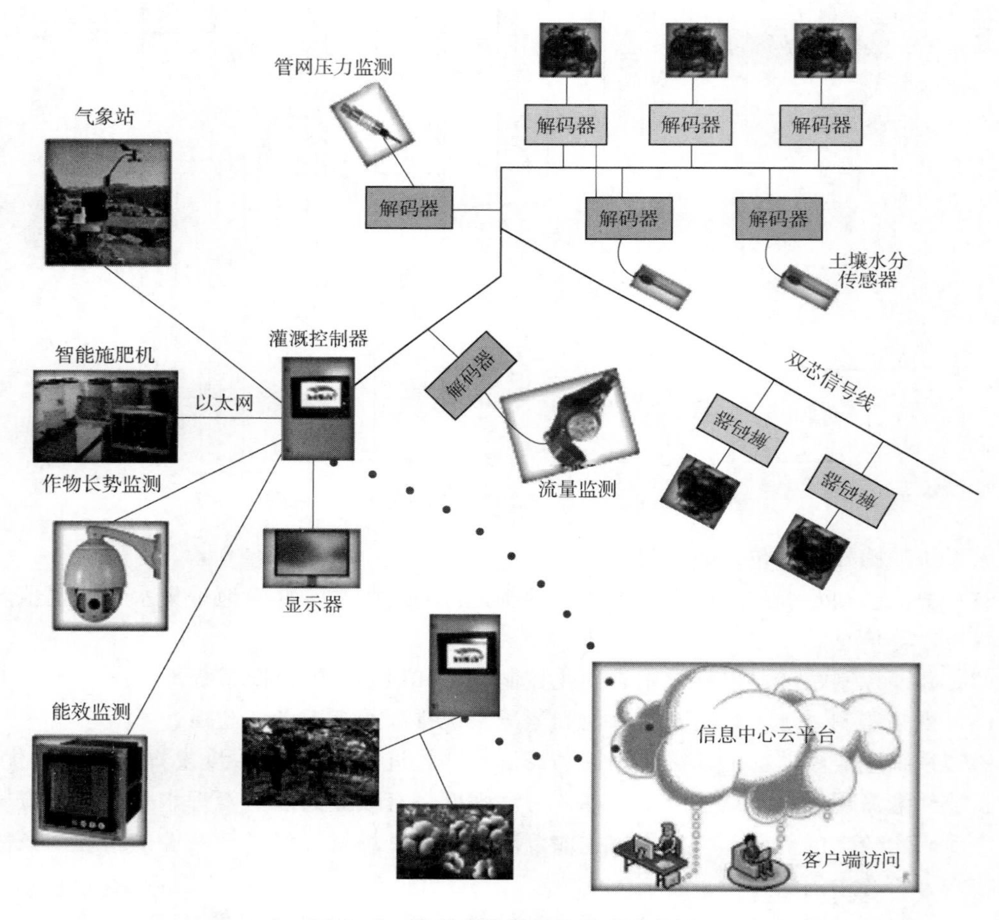

图 5-5 通信系统架构及组成示意图

2. 空间变量灌溉感知技术（大尺度，集约化农田，农场，农庄的田间灌溉）

随着我国农村新型城镇化建设和土地流转制度的改革，农业规模化和现代化发展趋势将为大型喷灌机的应用提供更为广阔的空间。大型喷灌机较大的单机控制面积、较高的自

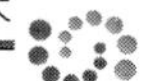

动化程度、相对较低的亩投资和维护费用、行走时可覆盖整个农田并便于安装携带多种类型传感器的特点使其成为国内外大尺度集约化农田粮食和饲料等作物的主要灌溉技术。为克服农田尺度内由非生物胁迫（土壤性质、养分亏缺、极端温度、强风、冰雹、化学伤害等）和生物胁迫（昆虫、植物寄生线虫、疾病或杂草等）空间变异引起的作物生长差异，由电磁阀、GPS和自动控制软件等组成的变量灌溉（VRI）系统在大型喷灌机中的应用，有利于充分挖掘每块土地的生产潜力，减少水氮淋失，提高水分生产率，实现节水、节能和地下水资源的生态保护。

截至目前，关于动态分区方法的研究在国内外均处于初始阶段，在遥感技术时空分辨率进一步提高以前，通过建立大型喷灌机机载式红外温度传感器系统进行田间冠层温度散点图的采集，是实时获取作物水分状态及其周围环境综合指标的主要技术。

国外（主要为美国）灌溉系统机载式红外温度传感器的研发始于1985年，随后圆形喷灌机机载式红外温度传感器系统逐渐得到发展和应用，一方面用于分析田块内冠层温度的空间变异特征，另一方面用于对比分析基于机载式红外温度传感器系统观测数据的自动灌溉控制效果。2017年中国水利水电科学研究院研发了国内第一套圆形喷灌机机载式红外温度传感器系统，并通过统计学原理解决了红外温度传感器在喷灌机上的安装密度问题。

受限于测量原理、植被覆盖度和喷灌机行走时间对冠层温度的影响，在利用圆形喷灌机机载式红外温度传感器系统进行冠层温度空间分布的测量过程中，其存在的关键科技问题主要表现在3个方面：一是由于冠层温度与土壤水分之间没有很紧密的相关性，所以基于冠层温度的作物水分亏缺判断只能用于确定灌溉时间，而不能用于指导灌溉水量；二是因为红外温度传感器不仅对植被冠层的发射敏感，对土壤发射也非常敏感，因此在作物生长早期，当作物冠层未完全覆盖地表时可能引起错误的灌溉判断。除了调整传感器倾角以减少对土壤温度的提取外，与其他传感器网络的结合（例如土壤水分传感器、多光谱仪）可以有效解决上述问题及冠层温度在多云天气对灌溉时间判断不准的问题，并能减少喷灌机行走次数；三是因为喷灌机行走一圈一般需要3～6h，由冠层温度早晚变化小和中午变化较大的日分布特征可知，从点数据网络提取的冠层温度空间分布图很难反映同一时刻的冠层温度差异，因此需要量化冠层温度日动态变化过程，然后进行时间尺度的转换。

5.4.3.2 设备选型示例

1. 田间水肥一体化智能灌溉系统

田间水肥一体化智能灌溉系统选型见表5－3。

表5－3 田间水肥一体化智能灌溉系统选型

序号	名称	单位	参数说明
1	远程田间RTU灌溉控制器	台	内置Web Server服务器、支持ModBus协议、支持SQLlite数据库、以太网、USB接口及232/485通信、支持3G通信、支持VPN功能、支持16DI/O及8AI、支持低压电力载波通信、模块化扩展、内置B/S结构灌溉程序可控制899个电磁阀、阀门状态检测、管道流量、压力监测、可根据ET腾发量精确控制灌溉。8路吸肥通道，EC、pH控制

续表

序号	名　称	单位	参　数　说　明
2	电磁阀（2″）	个	24V AC，3-way 电磁头，外置命令管，三位三通及控制手柄
3	解码器	个	24V AC，自带累积保护，低功耗，单控，自反馈阀门状态
4	解码器固定卡环	只	
5	主机防雷接地系统	套	
6	UPS	台	
7	阀门箱	个	

2. 远程管道压力流量及能效监测系统

远程管道压力流量及能效监测系统选型见表5-4。

表5-4　远程管道压力流量及能效监测系统选型

序号	名　称	单位	参　数　说　明
1	管道压力监测系统	套	0～10bar，0.25～2.5V 输出，支持电力载波通信
2	管网流量监测系统	套	脉冲流量计，0～10bar，0.25～2.5V，4～20mA，1%精度，支持电力载波通信支持电力载波通信

表能效监测系统选型见表5-5。

表5-5　表能效监测系统选型

序号	名　称	单位	参　数　说　明
1	视频监测系统	套	1080P30 超宽动态防暴高清半球摄像机，1/2.7CMOS，电动变焦镜头 3～9mm，0.25lx/0.08lx（彩色/黑白），宽动态 90dB，iDNR，IP66，IK10，带 IVA 功能
2	能效监测系统	套	支持 ModBus 标准协议

3. 通信系统

表通信系统选型见表5-6。

表5-6　表通信系统选型

序号	材料与设备	单位	参　数　说　明
1	双芯电缆	m	RVV，双芯控制电缆，2m×2.5m，单位电阻值小于 7.9Ω/km
2	套管	m	φ25mm PVC 塑料管
3	防水接头	个	
4	光纤	m	铠装 12 芯

续表

序号	材料与设备	单位	参 数 说 明
5	光端机	对	数据通道数：1路反向数据；接口类型：RS232/RS485/RS422；数据接口端子：标准工业接线端子；接口信号：RS422、RS485；接口特性：满足ITU－TV.24标准；连接方式：DCE；码速率：0～256kbit/s；误码率：$\leqslant 10^{-9}$
6	熔接点	处	
7	尾纤	条	
8	适配架	个	
9	信息中心云监控系统软件	套	中国水利水电科学研究院开发的灌溉软件平台及所涉及的内部组件
10	信息中心服务器	台	Dell服务器，含风冷机柜
11	客户端	台	lenovo，intelcore（TM）I7，4GRAM
12	UPS电源	台套	5kVA，后备电池2h
13	控制台	台套	3mm×1200mm×1100mm×700mm；台面：合成材料，框架：金属
14	工业级路由器	台	支持电信3G，VPN功能，4～20mA，0.5%精度

5.5 小　　结

灌区全面感知能力不足是由多方面的因素综合作用的结果，除了技术设备先进性不足和对于新技术新方法的应用程度不够深入，还有管理体系不完善、管理落后、技术标准及规范不统一和基础设施建设不配套等诸多原因。

智慧灌区感知体系的建立，除了本章节提出的科学应用量测水设备、大力推广新型量测水技术及方法、实现机电设备的远程一体化自动控制和应用精确灌溉感知关键技术等内容，还需建立健全灌区管理体制，对灌区进行全面立体的科学管理和维护，综合考虑管理制度、管理体系和管理人员等多个环节，落实包括运维经费在内的各个管理细节。另外还需完善相关标准规范体系并推进设备认证工作，制定适应现阶段应用管理和技术发展水平的测控技术标准和监测规程，并统一测控设施的技术标准，开展设备的计量认证工作。

第6章

视频智能监控技术

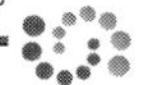

6.1 视频监控发展现状及趋势

6.1.1 技术发展现状

视频监控技术从最初的模拟视频监控发展到目前的智能视频监控经历了三个主要阶段，由始至终起到辅助人工观测的作用，从“看得到”到“看得清”再到“看得懂”，事件处理也从事后查找发展到事前预防和事中预警。

1. 第一代：模拟视频监控

随着光学成像技术和电子技术的发展，监控摄像机的制造和使用成为可能，为了满足利用电子设备代替人或者其他生物进行监控的需求，大约在20世纪70年代，出现了电子监控系统，这个时期以闭路电视监控为主，也就是第一代模拟视频监控系统。一般利用同轴电缆传输前端模拟摄像机的视频信号，由模拟监视器进行显示，由磁带录像机进行存储。这一代技术价格较为低廉，安装比较简单，适合于小规模的安全防范系统。

2. 第二代：数字视频监控

由于磁带录像机存储容量太小，线缆式传输限制了监控范围等缺点，随着数字编码技术和芯片技术的进步，20世纪90年代中期，数字视频监控应运而生。初期采用模拟摄像机和嵌入式硬盘录像机，这个阶段被称为半数字时代，后期发展成为利用网络摄像机和视频服务器，成为真正的全数字化视频监控。DVR的大量应用使得监控系统可以容纳更多的摄像机，存储更多的视频数据。嵌入式技术和网络通信技术的发达使得图像编码处理单元由后台走向了前端，视频图像在摄像机端编码后经网络传到后台。数字化的视频监控系统应用范围广，扩展性能好，使用和维护简单，适用于超过100路和1000路，甚至城市级规模的安全防范系统，但监控规模扩大的同时带来了对视频内容理解的需求，可以说，数字化技术的发展是智能化技术发展的前提和基础。

3. 第三代：智能视频监控

随着第二代数字视频监控技术的进步，大规模布控成为可能，可以获取海量的视频数据用于实时报警和事后查询。但是大规模视频数据也带来巨大挑战，传统的视频监控仅提供视频的捕获、存储和回放等简单功能，用来记录发生的事情，很难起到预警和报警作用。若要保证实时监控异常行为并及时采取有效措施，就需要监控人员一刻不停地观看视频，这种情况下，监控人员容易疲惫，尤其面对多路监控视频时，往往目不暇接，很难及时对异常做出反应。美国圣地亚国家实验室专门做了一项研究，结果表明，人在盯着视频画面仅仅22min之后，人眼将对视频画面里95%以上的活动信息视而不见。因此这就迫切需要智能视频监控，来辅助监控人员的工作。

智能视频监控有别于传统视频监控最大的优势是能全天候全自动进行实时分析报警，彻底改变了传统监控只能“监”不能“控”的被动局面，将一般监控系统的事后分析变成了事中分析和事前预警，不仅能识别可疑活动，还能在安全威胁发生之前提示监控人员关注相关监控画面并提前做好准备，从而提高反应速度，减轻人的负担，彻底改变了以往完全由人对监控画面进行监视和分析的模式，达到用电脑来辅助人脑的目的。

6.1.2 技术发展趋势

过去10年，视频技术发展从模拟到高清、高清到网络、视频联网和前后端软硬件一体化等，技术变革引领行业得到了快速发展。早期的模拟监控主要实现视频的监视、录像和回放，用于事后防范；逐渐演进到网络监控，实现简单的视频移动侦测、画线报警和人员聚集等功能，能够进行一些简单的预警；随着芯片功能的逐渐强大和视频结构化技术的发展，监控摄像机逐步能够实现车牌识别、车辆特征识别和人脸识别，逐步进入到视频监控的实战阶段，视频监控正在更多地向高清化、联网化和智能化方向发展，同时随着对数据和有效信息利用要求的提高，视频云存储、大数据和云计算也开始发展。

1. 高清化

与标清视频相比，无论是从分辨率、显示效果还是流畅度来看，高清都比标清更有优势。从分辨率来看，720p的分辨率是CIF分辨率的9倍，1080i/1080p的分辨率是CIF分辨率的20倍，在同样的显示环境下，高清会清晰得多。从显示效果来看，高清既支持大屏显示，又支持16∶9宽屏显示，可以大大增强用户的观看体验。从流畅度来看，高清支持更高的帧率，比如720p和1080i/1080p都可以支持60帧/s或60场/s，其图像流畅度比标清要高一倍。在看得清的基础上，看得更清一直是未来行业技术发展的大方向，4K超高清视频的出现可以说是大势所趋。虽然，目前4K超高清视频还面临着高带宽、高存储和编解码难等一系列问题，但未来随着技术的不断突破，4K超高清视频主导市场之日，也将为时不远。从标清到高清的跨越，实现了视频监控从“看得见”到“看得清”的转变，不仅让人眼看得更清楚，也能让机器“看”得更清楚，从而让机器更容易从中“读懂”画面内容，更准确地提取人们关注的有效信息，因此也是实现智能化的重要前提。

2. 联网化

网络摄像机开创了视频监控有线和无线网络传输的时代，监控点数量的快速增长和监控系统规模的扩大，带来了联网化的需求，通过中心业务平台进行集中管理和控制、以网络视频服务器和IPCamera为前端的网络化视频监控系统开始得到广泛部署，使得视频监控系统的调度、指挥、控制等功能和作用能够得到充分有效的发挥，并且表现出“分布式处理＋集中式管理”的发展趋势。物联网、3G、4G和5G网络等图像传输和处理技术、终端接收技术的迅速发展，对于网络视频监控系统以及核心技术带来了显著影响。网络化存储给视频监控带来了全新的存储架构，一方面，用户在存储的部署上更加灵活，访问也更简单；另一方面，构建需要实现大容量存储的视频监控系统也更为便捷。一些典型的网络存储技术SAN（存储区域网）、NAS（网络访问存储）以及iSCSI（IETF一种新的标准协议）已经得到广泛应用。另外，由于视频监

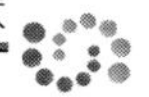

控系统存在规模越来越大、分布范围越来越广，致使业务呈现出多点对一点，每路视频业务的带宽需求往往在1M～10Mbit/s等特点，以往ADSL已经难以满足，以太网无源光网络（Ethernet Passive Optical Network，EPON）技术打造宽带数据网，通过一根光纤接入多个监控点，解决大规模接入问题，并实现数据、语音及视频综合业务的接入，具有良好的经济性。

3. 智能化

智能视频的出现把视频监控从以往的“被动监控”变成“主动监控”，从“看得清”逐渐过渡到“看得懂”的阶段。它通过智能化的识别技术对影像进行分析，并将图像信息转换成有价值的数据，最后以关键性的信息向使用者提供警示。同时，它又能够24h保持不间断运行，去除大量的垃圾信息，有效地控制监控范围内的所有动静。因此，智能视频监控将视频监控人员从繁琐的操作、海量的信息中解脱出来，并帮助他们更高效更精确地管理监控目标。

计算机视觉识别技术和视频结构化技术等人工智能技术的快速发展，使得视频内容可以被计算机所理解，对视频图像按照语义关系，采用时空分割、特征提取和对象识别等处理手段，组织成可供计算机和人理解的文本或数字信息，将原来难处理的视频图像转化为结构化数据，从而使视频监控图像信息与非视频的业务数据相结合，共同参与到大数据运算当中，大数据则根据人工智能所提供的结构化数据，挖掘视频深度价值，按照一定的规则进行自动排查、事件预警和业务联动，一定程度上实现事前预警，防范突发事件的风险及造成的损失。由于摄像机芯片算力的显著提高（2016年业界算力水平是0.3TB，2017年是0.66TB，2018年是4TB，目前已可以做到16TB）以及边缘计算技术的兴起，极大地推动了前端智能设备的发展，摄像机已不依赖于后端设备或云端设备，即可独立进行人脸识别和车牌识别等，在捕获异常的情况下不仅能大幅提高前端设备处置的时效性，还有效缓解了大量视频终端带来的网络堵塞和高延迟等实际问题。

高清化、联网化和智能化是视频监控发展的必然趋势，每一个目标和趋势都与相关的技术发展密切相关并相互促进，与视频应用的需求也是密不可分的。突出的特点是要能够实现全面看、自动看和关联看。全面看是指视频图像一体汇聚、全网共享，实现大范围内多维数据的跨系统和跨区域共享。自动看是指高密度、高算力、多算法框架、千亿级图片秒级检索，算得快、比得准。关联看是指视频大数据与社会、网络、政务大数据等资源的碰撞分析，实现“图事件关联”“人脸、车辆、手机等多轨合一”等应用。

6.2 视频监控应用现状

6.2.1 其他行业应用现状

近年来，视频监控技术以其直观、方便和信息内容丰富的特点而被广泛应用于金融、交通、公安、教育和医疗等众多领域，生活中有小区安全监控、银行系统有柜员制监控、林业部门有火情监控、交通方面有违章和流量监控等。从功能上讲，视频监控可用于安全防范、信息获取和指挥调度等方面，其中在整个安防市场占据了半壁江山，占比高达49%。平安城市、天网工程和雪亮工程建设中，视频监控系统作为重要建设任务，在加强治安防控、优化交通出行、服务城市管理、创新社会治理、推进社会治安防控体系建设、提高社会管理水平等方面发挥了重要作用。

平安城市建设中对视频监控系统的需求比例高达28%。人脸识别、车牌识别和以图搜图等基于深度学习算法的视频监控智能人脸识别产品已经开始应用。《安全防范视频监控联网系统信息传输、交换、控制技术要求》（GB/T 28181—2011）标准出台后，以网络、高清、智能、业务融合、多级联网和互联互通为特征的视频监控系统建设已成为平安城市建设的核心。

依托“天网工程”，中国已建成目前世界上最为庞大的视频监控网，在城镇范围内实现了视频覆盖，视频摄像头超过2000万个，这些高清摄像头功能强大，镜头放大时能看到百米外招聘广告电话号码；镜头放慢时能准确抓拍到高速行进中的车辆牌号；360°转动无盲点全覆盖。天网工程中，视频智能识别技术得到广泛应用，“天网”依靠动态人脸识别技术和大数据分析处理技术，对密布在各地的摄像头抓拍的画面进行分析对比，能够准确识别超过40种人脸特征；速度也非常惊人，可实现每秒比对30亿次，花1s就能将全国人口“筛”一遍，花2s便能将世界人口“筛”一遍；动态人脸识别技术的准确率也非常高，目前1∶1识别准确率已经达到99.8%以上，而人类肉眼的识别准确率为97.52%。

《中华人民共和国国民经济和社会发展第十三个五年规划纲要》指出，我国将在2020年基本实现“全域覆盖、全网共享、全时可用、全程可控”的公共安全视频监控建设联网应用，即雪亮工程。目前，雪亮工程平台系统建设已实现省级全覆盖，并联通295个地市、2236个县、2773个乡镇，在天网工程的基础上进一步补充了乡村、背街小巷等以往监控盲区的点位资源，监控系统覆盖面从城镇延展到了农村。随着雪亮工程项目建设的推进，我国社会治安环境持续好转，案件破获率大幅上升。目前视频监控体系能够让警方在调查案件时做到248，甚至348，即视频监控能够帮助警方直接破获20%甚至30%的案件，在40%的案件中起直接作用，为80%的案件提供线索。在实践中，部分派出所直接利用监控视频的破案率达70%以上。全覆盖、无死角的治安监控防控体系为公安机关侦破案件提供了科技信息支撑，有力打击违法行为，维护社会治安。

除了治安防治领域，视频监控系统的多级联网、互联互通也让视频资源在交通、环保和水利等业务部门发挥更大的作用。平安城市视频监控资源在智慧交通、生态建设与保护、服务民生、安全生产、防灾减灾和扶贫等领域的应用已经展开，发挥了明显效用，平安城市向“大安防”转化的趋势势在必行。

智慧交通方面的应用重点在于交通管控，判别道路是否拥堵、车辆是否闯红灯、是否违规变道、是否违章路边停车等离不开实时的视频图像和图像分析技术，对车辆的判断主要依赖视频监控的车牌识别技术和车辆特征识别技术，再辅助以GPS卫星定位、视频检测和车流分析等技术，实现对相关的交通事件和交通行为的分析与检

测，大大提高智慧交通的管理效率，使得视频智能监控技术成为智慧交通建设的核心内容。

在国土行业应用中，通过监控设备对耕地、矿区等重点区域进行实时监控从而实现自动识别、判断和预警，视频智能监控技术成为新执法监察手段。在工业网络化管理及工业园区管理中，采用远程视频监控系统来加强园区监控，有效地提高工业管理的自动化程度和安全生产水平。此外，在电力行业及各类企业安全生产、无人值守场景、边海防区域军事安全监控，甚至局部战争战场的实时监控方面，视频监控特别是智能视频监控技术的应用越来越广泛和深入。

综上所述，随着科技和信息的高速发展以及信息社会中数字化、网络化和智能化的发展趋势，各行各业为了保障安全生产、提高生产效率和加强自身竞争力，越来越重视智能视频监控系统的建设和应用。邮电、金融、交通、文教、医疗以及军事系统等这些国家重要生产部门和密切关乎人们日常生活的各个行业都有了利用视频监控保障和促进生产的成功范例。

6.2.2 水利行业应用现状

由于水利行业自身特点，江河湖泊和水利工程涉及地理范围广、地势复杂而且环境恶劣，水库和附属的堤坝、闸门、涵洞众多，要管理和利用好这些水资源和水利设施，做到日常管理与防汛指挥、抗洪抢险并用，远程的监控和调度是必不可少的，视频监控技术以其自身的优势在水利行业也得到了普及和认可，逐渐在水利部门的日常管理中发挥着重要作用。水利视频应用主要集中于水利工程建设和运行管理、防汛抗旱、河道管理、大坝安全监测、水文观测等方面，为水利业务管理提供了直观、形象的视频资料。

水利工程建设方面，视频监控主要采集工程现场一些重要出入口和施工作业现场等重点区域的图像，使工程现场的值班人员能够实时监控整个施工过程，对视频图像进行目标跟踪、控制和实时记录，并能对施工作业异常情况、进入工地的可疑人员和可疑车辆等进行跟踪、报警，确保施工安全和人员安全，及时全面掌握施工进展情况。

水利工程运行管理方面，视频监控主要用于对重要区域或生产控制过程进行实时监视，在水库、闸门、堤防和泵站等重点工作区域，通过视频监控系统，管理人员可以远程实时监测水库蓄水水位、雨水情、大坝工情、坝区周边环境、闸门开度和泵站机组状态等情况，及时掌握和预判工程安全运行状况，确保远程控制闸门、机组的安全性和可靠性，同时可改善水利工程运行维护人员的工作环境，促进“无人值班、少人值守”“远程集控”等运行管理模式的推广，大幅提升水利工程运行管理水平和效率，节约工程运行成本。

防洪减灾方面，在河流、水库和堤防的重要位置安装摄像头，实时监控水位，及时对可能或正在发生的汛情、险情和灾情进行动态监视，并对获得的数据进行科学分析，对水库、堤防的安全状态进行评价和预报，进一步提高防洪减灾决策的有效性和可靠性，促使防洪减灾工作逐步从被动抗洪向主动防汛转变。

河道和江河湖泊管理方面，借助视频监控系统能及时了解上下游河流的水文情况、雨水情况和堤坝情况，防止决堤漫堤等灾害事故的发生；监测水面是否有漂浮物，河道内水草是否及时清理，保证河道畅通和水质清洁；监控河道沿线重要地段的工程情况和安全状况，防止对水利设施的破坏；在及时发现河湖四乱和发现人的错误行为等方面发挥着重要作用，是河湖长制管理的有力抓手。

除了在水利业务方面的常规应用，视频监控图像的自动化和智能化识别技术也得到初步应用。在安防监视管理中，可自动识别人员和车辆信息，从而实现出入口及其他关键区域的智能管理，结合电子围栏、红外、激光和光纤振动等技术实现入侵报警；通过视频终端监视水位尺图像自动获取水位信息，监视闸门开启情况自动判别开启状态等。其他一些例如通过视频监视图像自动检测非法采砂、非法侵占岸线和水面漂浮物等作为水利应用需求尚在摸索和开发过程中。

在应用规模方面，从中央层面来看，依托国家防汛抗旱指挥系统一二期工程建设，截至 2017 年底全国县级以上水利部门共有视频监控点 118539 个，水利部、七个流域机构、18 个省（自治区、直辖市）共建成 26 个视频监控平台，水利部直接接入了 54 个重点防洪工程的 216 个视频监控点，整合有关流域机构和省（自治区、直辖市）现有防洪工程共 1409 个视频监控节点。南水北调中线工程全线 1432km，闸站远程监控 318 座，视频监控摄像头 6500 个，基本实现了引调水全线自动化运行和远程集控。视频监视系统正在从以往的局部监视向联网化方向发展，更加便于集中监控和管理，初步解决了多厂家设备接入、与水利业务系统的关联融合及多平台级联等关键技术难点，可以实现一定范围内视频监控资源的整合与共享。

6.3　水利视频应用存在的主要问题

近年来，视频监控系统虽然在水利各业务领域得到了快速发展，在水利业务管理中发挥了重要作用，但相比其他行业的应用情况和视频监控技术自身的发展情况，水利视频在监控覆盖面、视频终端应用、智能识别和结构化应用、大规模联网等方面仍明显不足，差距较大。

6.3.1　视频监控点远远不足

目前主要是在大中型在建工程、重点防洪工程、大中型水库、远程控制的水电站、闸门、泵站的重点区域以及重点河段等设置视频监控点，大多数小型水库、堤防、淤地坝、泄洪道、泄洪洞以及地处偏僻的水利设施和河段均未布设，不能及时全面掌握流域汛情险情、水利工程建设及安全运行情况、全国水土流失状况以及江河湖库“四乱”现象等，难以满足水利各业务管理的需求，距离水利行业强监管的要求相差甚远。

需纳入视频监控的水利对象点多面广，除了科学合理地规划视频监控点外，主要涉及非常巨额的投资，加之很多水利对象地处偏僻，供电和通信条件不足，也没有明确的管理单位，更是加大了前期建设和后期维护的难度。这种情况下，需在有限的资金情况下，充分考虑共享利用其他行业的涉水视频监控资源，积极争取和推动平安城

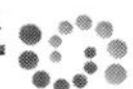

市、天网工程、雪亮工程，以及环保和国土等行业已建视频监控点在水利行业的共享应用。

6.3.2 视频终端应用落后

已建成的视频监控设施中，存在终端设备过时、精度差和可靠性低等问题，如监控摄像头仍采用低分辨率的模拟摄像机，视频图像“想看看不清”，一旦出现异常情况，不能通过视频监控画面清楚地看到问题发生的细节情况，不利于工作人员对现场情况的实时监控和及时处置。水利常用的视频终端形式也比较单一，主要是标准、高清和全景摄像头，更适合不同业务场景需求的视频终端，如水下、透雾、热成像、多光谱、黑光和星光摄像机等应用较少，在水利业务管理工作中存在“想看看不到”的情况。

就视频终端本身来说，新型摄像头这几年发展迅速，在其他行业应用也很多，但相对价格较高，也未深入研究这些新型摄像头在水利业务管理方面的适用性、匹配性和经济性。由于水利行业自身的需求驱动能力不足，视频终端生产厂家缺乏内在动力自主研发满足特定水利业务需求的新型摄像头，导致市面上可供选择的产品类型并不多。

6.3.3 智能化程度较低

水利视频监控仍然以传统方式为主，没有自动解析视频图像，以非结构化数据存储为主，计算机视觉识别技术应用不足，智能化程度较低，对于突发的异常事件以及跟踪目标主要还是依赖人工进行监视、分析和判断，容易出现遗漏，难以起到及时发现异常并事前主动预警报警的作用，降低了监控系统的实时性，多用于事后调阅取证。部分图像识别技术的应用也仅限于简单的数字识别和状态识别，比如水位尺识别、闸门开启状态识别等；一些基于智能监控技术的预警预报也仅局限于安防类应用，完全迎合水利业务需求或与之形成协同联动的智能视频监控技术尚处于起步探索阶段。

智能视频分析归根结底还是人为设定下的计算机对监控目标依据规则行为进行自动判别，规则行为的定义需要结合各行各业的不同业务应用需求来定制开发，从而限制了视频智能监控技术的快速发展。只有在需求量大或需求迫切的部分行业，如安防、交通、公安等，智能监控技术才得到了较高水平的应用，也发挥了非常重要的作用。水利行业由于资金、技术、标准和视频监控基础等的限制，在视频智能化监控方面的起步较晚。

6.3.4 未实现大规模联网

水利视频监控目前仍以局部应用为主，针对单个水利工程或部分水域，对于重要的水域流域缺乏统一的管理监控，尤其是一些跨区域河流，监控系统各自独立，达不到有效监控的目的，也难以满足防汛应急指挥调度的需要。虽然近几年，国家出台了标准《安全防范视频监控联网系统信息传输、交换、控制技术要求》（GB/T 28181—2011），为视频监控系统建设和互联互通提供了方向和依据，水利部和各省市也在初步尝试建立一定规模的网络视频联网监控平台，但由于视频监控系统基本由各水利单位自行建设，设备方案各异，技术标准不一，兼容开放性差，要进一步集成、扩展和共享，难度很大。

除了缺乏通用视频监控平台产品之外，低带宽的水利网络传输能力、相对落后的视频信息传输压缩编码技术、效率低下的海量视频信息检索和提取技术等，都极大地限制了水利视频监控大范围大规模的联网应用。

6.4　水利视频智能监控关键技术

从视频监控技术的发展趋势和应用现状来看，以音视频编解码算法为核心技术、DVR为核心产品的数字视频监控是目前的主流监控系统。数字视频监控系统包括视频信息采集、传输、存储、控制和显示等环节，各环节中既有具备特定功能的视频监控产品与之对应，包括摄像机和照相机等视频信息采集设备，光端机等网络传输设备，DVR和NVS等主控设备，监视器和电视墙等显示设备，又有相关关键技术的突破才能使得视频监控系统获得更进一步的发展，比如AI芯片技术、视频数据压缩技术、视频分析与理解技术、视频流传输与回放技术和网络存储技术等。这些技术当中既有视频监控技术本身亟待解决的问题，也有行业应用需解决问题，特别是在视频的智能化应用这个方面。

一般来说，不同行业对视频监控的需求有着非常明显的差异，行业的视频应用也在逐步由单一的监控需求向行业应用方向发展。由于检测行为类型与异常事件的特殊性，决定了对视频智能监控技术的应用需求也是多样化的，如何能够识别与分析更多的行为已成为视频智能监控技术在深化行业应用过程中不得不面临的问题，只有结合行业应用实际，深入了解不同行业的具体要求，并与具体行业的业务流程进一步结合，才能更好地抓住用户需求，将视频智能监控进行深入应用，大幅提升系统的可靠性、易用性和业务丰富性。

水利行业视频智能监控的关键技术也应该着重于结合水利监测监控特点和基于水利业务管理需求的智能化应用。根据视频智能监控系统通常采取的前端和中后端两种方案：前端方案是将计算机视觉和图像分析等AI功能集成到前端智能摄像头中，直接对视频信息进行处理，将分析结果传送至中后端服务器；中后端方案则是由普通摄像头采集信息传送至中后端服务器，再进行分析汇总。不管是前端还是中后端方案，智能化监控都将涉及计算机视觉技术与前端设备智能化等。

6.4.1　视频识别与结构化融合技术

20世纪末以来，随着计算机视觉技术的发展，视频智能监控技术得到广泛的关注和研究，如何从海量的视频数据中高效地提取出有用的信息，成为视频智能监控技术要解决的关键问题。具体地讲，视频智能监控技术最核心的部分是基于计算机视觉的视频内容识别与理解技术，就是为了让计算机像人的大脑，让摄像头像人的眼睛，通过对原始视频图像进行背景建模、目标检测与识别和目标跟踪等一系列算法分析，由计算机智能地分析被监控场景中的目标行为以及事件，对视频中的异常行为进行实时提取和筛选，从而回答人

们感兴趣的“是谁、在哪、干什么”的问题，然后按照预先设定的安全规则，对异常行为及时发出预警。

6.4.1.1 计算机视觉技术

计算机视觉（Computer Vision）是研究如何使机器“看”的科学，形象地说，就是给计算机安装上眼睛（摄像机）和大脑（算法），让计算机像人一样去看、去感知环境。计算机视觉技术作为人工智能的重要核心技术之一，已广泛应用于水利、安防、金融、硬件、营销、驾驶和医疗等领域。计算机视觉领域的八大任务主要包含：图像分类、目标检测、图像语义分割、场景文字识别、图像生成、人体关键点检测、视频分类和度量学习等，帮助计算机从单个或者一系列的图片中提取分析和理解的关键信息。

1. 图像分类

图像分类是根据图像的语义信息对不同类别图像进行区分，是计算机视觉中重要的基础问题，是物体检测、图像分割、物体跟踪、行为分析和人脸识别等其他高层视觉任务的基础。

图像分类在许多领域都有着广泛的应用。例如：安防领域的人脸识别和智能视频分析等；交通领域的交通场景识别；互联网领域基于内容的图像检索和相册自动归类；医学领域的图像识别；水利领域中水面漂浮物识别等。

2. 目标检测

目标检测是给定一张图像或者一个视频帧，让计算机找出其中所有目标的位置，并给出每个目标的具体类别。对于人类来说，目标检测是一个非常简单的任务。然而，计算机能够“看到”的是图像被编码之后的数字，很难理解图像或视频帧中出现了人或物体这样的高层语义概念，也就更加难以定位目标出现在图像中哪个区域。与此同时，由于目标会出现在图像或视频帧中的任何位置，目标的形态千变万化，图像或视频帧的背景千差万别，诸多因素都使得目标检测对计算机来说是一个具有挑战性的问题。

3. 图像语义分割

图像语义分割是将图像像素按照表达的语义含义不同进行分组/分割。图像语义是指对图像内容的理解，例如，能够描绘出什么物体在哪里做了什么事情等，分割是指对图片中的每个像素点进行标注，标注属于哪一类别。近年来用在无人车驾驶技术中分割街景来避让行人和车辆、医疗影像分析中辅助诊断等。

4. 场景文字识别

许多场景图像中包含有丰富的文本信息，对理解图像信息有着重要作用，能够极大地帮助人们认知和理解场景图像的内容。场景文字识别是在图像背景复杂、分辨率低下、字体多样和分布随意等情况下，将图像信息转化为文字序列的过程，可认为是一种特别的翻译过程，即将图像输入翻译为自然语言输出。场景图像文字识别技术的发展也促进了一些新型应用的产生，如通过自动识别路牌中的文字帮助街景应用获取更加准确的地址信息等。

5. 图像生成

图像生成是指根据输入向量，生成目标图像。这里的输入向量可以是随机的噪声或用户指定的条件向量。具体的应用场景有：手写体生成、人脸合成、风格迁移、图像修复和超分重建等。

6. 人体关键点检测

人体关键点检测是通过人体关键节点的组合和追踪来识别人的运动和行为，对于描述人体姿态，预测人体行为至关重要，是诸多计算机视觉任务的基础，例如动作分类、异常行为检测，以及自动驾驶等，也为游戏、视频等提供新的交互方式。

7. 视频分类

视频分类是视频理解任务的基础，与图像分类不同的是，分类的对象不再是静止的图像，而是一个由多帧图像构成的、包含语音数据、包含运动信息等的视频对象，因此理解视频需要获得更多的上下文信息，不仅要理解每帧图像是什么、包含什么，还需要结合不同帧图像，知道上下文的关联信息。

8. 度量学习

度量学习也称作距离度量学习或相似度学习，通过学习对象之间的距离，度量学习能够用于分析对象时间的关联和比较关系，在实际问题中应用较为广泛，可应用于辅助分类和聚类问题，也广泛用于图像检索和人脸识别等领域。

6.4.1.2　视频识别技术

视频识别作为图像识别技术的一个分支，又称为实时识别或即时识别，主要是基于人工智能和模式识别原理的算法，对动态的视频画面进行识别、检测和分析，滤除干扰，对视频画面中的异常情况做目标和轨迹标记。其中核心的技术包括：车辆识别、人体识别、行人再识别技术（ReID）和异常检测。

1. 车辆识别

车辆识别包括车牌识别和车辆特征识别两大技术。车牌识别技术是最早被赋能给视频监控系统的，多应用在卡口、电子警察和停车场的免刷卡出入口管理系统上。车牌识别属于OCR文字识别的范畴，唯一的区别是动态车牌识别。目前的车辆特征识别可以做到20种以上，大大挖掘了视频和图像的潜力，而且车标、颜色和标志等相对来说属于分类识别，比较容易实现。

2. 人体识别

人体识别包括人脸识别和人体特征识别两大技术。人脸识别是基于人的脸部特征信息进行身份识别的一种生物识别技术，进一步细分为配合式（比如门禁）和非配合式（比如开放环境采集），尤其是非配合式的动态人脸识别技术在2017年才大幅度提升到70%以上的识别率，从而进入商用。人体特征识别是人脸识别的附属品，通过人脸可以判断性别、年龄、肤色和是否佩戴眼镜，把识别范围放大即可识别整个人体，包括上衣颜色、下衣颜色和肢体动作等。

人体识别主要用于身份识别，由于视频监控正在快速普及，众多的视频监控应用迫切需要一种远距离和用户非配合状态下的快速身份识别技术，以求远距离快速确认人员身份，实现智能预警。因此人体识别系统成功的关键在于是否拥有尖端的核心算法，并使识别结果具有实用化的识别率和识别速度。

3. ReID技术

ReID（Person Re-identification），也称行人重识别或行人再识别，是利用计算机视

觉技术判断图像或视频序列中是否存在特定行人的技术，广泛被认为是图像检索的一个子问题。通过 ReID 技术可以将不同视频内的人或物体关联起来，并可以通过有效的方法把人或物体找出来。难点是要从不同的视频中，把同一个人识别出来，视频光照条件不同、感兴趣区域的分辨率和角度不同、目标被遮挡、穿着相近衣服的人等等都会造成识别困难。

4. 异常检测

异常检测是检测不符合期望的数据和行为，在实际应用中包括去噪、网络入侵检测、欺诈检测、设备故障检测、机会识别、风险识别、特殊群体识别、患病诊断和视频监测等。异常检测通过对输入数据进行分析并检测异常状态。输入数据类型包括：连续型、二值型、类别型、图、时空数据、图像和音频等，输出异常事件或者异常概率。在选择异常检测方法时既要考虑解决的问题，也要考虑数据状态，如数据类型、数据分布、数据标记和数据量等。异常检测的假设是入侵者活动异常于正常主体的活动。根据这一理念建立主体正常活动的“活动简档”，将当前主体的活动状况与“活动简档”相比较，当违反其统计规律时，认为该活动可能是“入侵”行为。异常检测的难题在于如何建立“活动简档”以及如何设计统计算法，从而不把正常的操作作为“入侵”或忽略真正的“入侵”行为。

5. 其他功能

(1) 可以区分人、动物和车辆等各种物体并进行侦测和跟踪，每个摄像机可以同时对 50 种不同的目标进行分别监控。

(2) 可以设置虚拟围界。

(3) 根据安全策略（日间/夜间、交通忙时/闲时等）设置保安等级，可在特定区域或全场设置安全级别，并可创建或改变报警区域。

(4) 当报警自动联动跳出摄像机图像窗口时，可采用系统提供的云台和镜头控制图标手动或者自动锁定目标，并且通过声音、邮件、电话和传呼机等发送警报。

(5) 用鼠标双击目标物即可跳出联动监视图像，查看目标物细节。

(6) 可以有效屏蔽水面的阳光反射和雨雪天气等对系统目标物捕捉的影响。单摄像机场景视频智能分析功能要求能够应对各种灯光和环境因素变化，包括由于阴影、天气、区域的光线变化，以及探照灯、反光和风等引起的变化。

(7) 入侵侦测。能够分辨人体大小的入侵者，而忽略小动物及禽鸟。

(8) 计数。在一个摄像机上实现在多个感兴趣区域和多个移动方向的计数。

(9) 异常行为探测。可以区分人的滑倒和跑动等异常行为。

(10) 遗留目标探测。在繁忙拥挤环境下，在一个摄像机场景内探测多个遗留目标，遗留目标物最小可以达到图像尺寸的 3%。

(11) 违章泊车探测。能够在繁忙拥挤环境下，探测到违章停车。

(12) 摄像机检查功能。对摄像机不同状态，如断开、聚焦不良、被破坏、移动、没有足够的帧速或由于雾、雨和雪等天气无法侦测等状态进行判断。

6.4.1.3 视频结构化技术

视频结构化技术是一种将视频内容（人、车、物、活动目标）特征属性进行自动提取的技术，对视频内容按照语义关系，采用目标分割、时序分析、对象识别和深度学习等处理手段，分析和识别目标信息，组织成可供计算机和人理解的文本信息，并进一步转化为各业务管理相关的实用信息。视频结构化技术是融合了机器视觉、图像处理、模式识别和深度学习等最前沿的人工智能技术，是视频内容理解的基石，其应用主要体现在对车辆特征、人像特征和行为事件等辨识方面。

视频结构化在技术领域可以划分为三个步骤：目标检测、目标跟踪和目标属性提取。目标检测过程是从视频中提取出前景目标，然后识别出前景目标是有效目标（如人员、车辆、人脸等）还是无效目标（如树叶、阴影、光线等）。在目标检测过程主要应用到运动目标检测、人脸检测和车辆检测等技术。目标跟踪过程是实现特定目标在场景中的持续跟踪，并从整个跟踪过程中获取一张高质量图片作为该目标的抓拍图片。在目标跟踪过程中主要应用到多目标跟踪、目标融合以及目标评分技术。目标属性提取过程是对已经检测到的目标图片中目标属性的识别，判断该目标具有哪些可视化的特征属性，例如人员目标的性别、年龄和着装，车辆目标的车型和颜色等属性。目标属性提取过程主要基于深度学习网络结构的特征提取和分类技术。

视频结构化作为一项视频处理的核心技术，算法对环境比较敏感，受环境干扰大，光线、杂物、恶劣天气和晃动都会影响实际效果。实现高效精准的视频结构化描述技术成为今后一段时间各个算法研究机构努力的方向。随着计算机视觉前沿技术的日益成熟，深度学习、高性能计算、海量训练数据、多维信息结合、大数据挖掘分析、目标跟踪以及现有算法的优化都将有力快速推动视频结构化分析技术、算法效果的逐步发展，能够根据不同的复杂环境进行自动学习和过滤，能够将视频中的一些干扰目标进行自动过滤，从而提高准确率。

6.4.1.4　水利视频智能监控预警技术

视频智能监控领域可以细分为很多智能AI技术，每项技术的提升和产业化都有相关的科研机构和科技企业进行攻关和引领，如国外的Google、Facebook、Disney、Conviva，以及国内的商汤科技、旷视科技、深兰科技、依图科技、云从科技和影谱科技等一批技术领先的独角兽企业，他们致力于人工智能基础研究和人工智能核心“深度学习”的技术突破以及人工智能的应用开发。

作为水利视频智能监控预警技术，我们不是研究计算机视觉技术、图像识别技术和视频结构化技术本身的实现过程、方法及算法，而是重点研究在水利视频监控中，如何综合应用这些智能化的技术，根据视频图像进行险情自动识别和危险活动监测，以及提取结构化数据用于预警、统计和分析，并实现联动和协同。这里面包括明确水利监控对象或监控场景有哪些属性特征可待识别？识别算法的具体规则和步骤是什么？水利业务管理和水利监督相关的正常行为和状态的定义是什么？以及各种异常场景下预警报警的阈值设定原则等等。这些内容的确定跟具体的水利业务管理活动和水利视频监控对象密切相关，因此，我们需要进一步研究和明确视频监控在水利业务中的应用需求。

1. 水利视频智能监控内容

归纳起来，视频监控在水利领域的应用主要在四个方面：安防监控、安全监测、要素

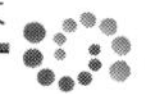

获取和事件感知。安防方面主要通过人员识别、车辆识别、入侵报警等实现水利工程和水域岸线的安全防护；安全方面通过设备测温、施工区域及危险场所的安全帽识别、特定区域救生衣识别等判断工程区域、机电设备及人员是否安全并发出预警；要素获取方面，主要通过图像识别等技术获取河道湖库水位、流速、流量、水域面积和水体颜色等水利要素信息；事件感知方面，主要通过异常检测技术获取非法采砂、水面漂浮物、水域岸线侵占、水体污染物排放和河岸垃圾倾倒等事件和现象。

2. 水利视频智能监控采集目标

视频监控在水利业务管理活动和水利监控对象的许多场景都能发挥重要作用，一般来说，视频监控点主要布设在水利业务管理监控重点对象、区域以及事故和安全隐患易发区域，在水利业务部分重点监控对象中，视频监控点的布设原则见表6-1。

表6-1　视频监控点的布设原则

监控对象	布设原则
水库堤坝	坝前水雨情、水位尺、取水口、机电设备、主要道路路口、闸门、山洪滑坡易发区域、排污口、库区周边（易发生游泳、垃圾倾倒、垂钓等区域）、公共游览区域等
江河湖泊	水政违法易发水面（非法采砂等）、排污口、取水口、断面、各类水文站站前安防、站内设备、水位尺、河道沿岸（易发生游泳、垃圾倾倒、垂钓等区域）、水体污染易发区域（蓝藻等）
工程施工	工地出入口、办公及住宿区域周界及大门、原料设备对方场地、塔吊全景、重要施工区域、重要设备安装场地、施工过程临时布控等
管理活动	水政执法过程（执法车视角、执法人员视角的过程记录）、应急抢险的灾害区域全貌及灾害现场等

3. 水利视频智能化识别需求

水利视频智能化监控除了安防监控内容可以采用一些安防领域通用的智能化识别算法以外，其他安全和要素，特别是事件方面的智能化识别算法都是跟水利业务管理需求密切相关的，需要深入研究其识别特征、算法和结构化属性标识等内容，水利视频智能化监控相关监控内容涉及的智能化识别需求及特征信息见表6-2。

表6-2　水利视频智能化识别需求及特征信息

监控内容	AI算法	识别特征信息	说明
安防	人员识别	人脸信息、身高、年龄、着装等	授权人员认证信息，联动门锁进行开门，记录人员进出信息，黑名单人员报警，用作上下班考勤或安防巡查记录
	车辆识别	车牌、车型、颜色、品牌	联动道闸开关，允许授权车辆通过，非授权车辆或黑名单车辆报警
	入侵报警	入侵人员、时间、地点等	通过摄像机、电子围栏、红外/激光对射、光纤振动等多种方式结合，有入侵时进行视频抓拍

续表

监控内容	AI算法	识别特征信息	说　明
安全	设备测温	温度	通过热成像摄像机可测量划定区域内的表面温度，根据温度异常提前预警，防止发生非计划停机或火灾
	施工区域、危险场所安全帽识别	进入区域未按要求佩戴安全帽行为的报警信息	通过内置姿态传感器进行安全帽脱帽检测、人员异常静止、安全帽撞击检测等
	人员巡检	巡检轨迹、巡检信息等	利用单兵设备、移动手机、固定摄像机等对水利工程、机电设备和河湖汛情等进行管控
	救生衣	是否穿戴及穿戴区域等信息	分析特定区域是否未穿戴救生衣并预警提示
要素	水尺识别	水位数据	自动识别水位尺图像获取水位
	流速流量监测	水流速度、流量数据	根据表面纹理和漂浮泡沫/树叶等测量表面流速并结合水位计算出流量
	水域面积检测	检测区域的面积数据	对水域面积进行估算，评估范围
	水体颜色识别	水体的颜色信息	
事件	非法采砂	监测区域内的非法采砂行为报警信息及非法采砂船的信息	识别出船只的热点、形状、速度等属性，用于违法采砂监管
	水面漂浮物	检测区域内发现漂浮物的报警信息	识别出漂浮物的量（严重、中等、轻微、无），类型（漂浮植物、漂浮垃圾、大型漂浮物），辅助河道保洁、工程安全等
	水域岸线侵占	检测区域内水域岸线侵占行为的报警信息	识别水域岸线周边违建、违法水利工程等
	闸门开启	闸门的开启状态信息	识别闸门启闭状态
	河岸垃圾倾倒	检测区域内河岸垃圾倾倒行为的报警信息	识别河岸垃圾倾倒
	排水识别	入河排污口是否排水的信息	识别入河排污口是否排水及水体颜色，用于入河排污口的管理

6.4.2　视频前端设备智能化技术

6.4.2.1　特种摄像机应用

视频智能监控不管各种AI算法多么强大，有一个最基本的前提就是需要采集到“看得到、看得清”的视频图像。随着视频监控的应用范围和场景不断扩大，基本款的摄像机已经无法满足很多特殊环境的使用，如水下、黑夜、雾霾、火灾和爆炸等。因此，越来越

多的功能被开发并应用到视频监控上，出现了一批满足特殊环境之下使用的特种摄像机，主要包括红外热成像仪、全景摄像机、水下监控摄像机、防爆摄像机、低照度摄像机、宽动态摄像机、透雾摄像机和单兵设备等类别。这些摄像机功能齐全，不断促使视频监控的监控本领向更宽、更远、更复杂的范围推进。

水利业务管理领域，视频监控涉及防汛抗旱、水利工程建设与安全运行、水资源开发利用、江河湖泊管理、水土流失和水利监督等各种应用场景，除了常规的安防应用外，也需要视频监控辅助水利业务管理，比如大风大雨条件下的光学防抖、超级透雾的摄像机；用于河道监控的超远距离监控摄像机；监控夜间非法排放黑臭污水的具有夜间监视性能的星光和黑光摄像机；监控河道内非法采砂的热成像摄像机；监测水中生物的水下摄像机；用于防汛减灾应急抢险的单兵设备等。部分业务场景还需要自带图像识别、异常监测和自动预警等AI算法的智能摄像机。总之，需要根据水利业务管理的实际需求，针对水利管理对象的特殊要求，去匹配合适的前端摄像机。

6.4.2.2 低功耗低带宽应用

由于水利工程和江河湖泊所处位置的特殊性，大量的视频前端摄像机不在运营商覆盖区，供电和通信条件不足，如何确保这些摄像头能在关键时刻发挥关键作用，成为当前视频监控在水利应用方面急需解决的问题。

水利视频监控与安防、交通、警务等领域的应用需求并不完全雷同，有自身的特点，在一些场景中，并不需要全天候的录像监控，为了减少耗电，可采用事务触发型监控或休眠唤醒型监控，通常是在检测到异常情况时启动录像和传输工作，或者从后台发送指令让视频摄像机从休眠状态恢复到工作状态。常规的视频传输也可替换为抓取图片传输以减少带宽需求，只在后台发出指令时才恢复视频传输。

低功耗低带宽的视频监控方案采用无线和低功耗技术，控制端和显示监视端通过移动终端来实现。压缩的视频通过无线传输，摄像机采用电池供电或太阳能供电，用以取代传统的有线网络传输和有线供电方式。电池型无线摄像机接入到一个无线路由器或者基站，此基站通过有线与外网云服务连接，这样提供了手机终端对整体视频监控系统的控制和使用。无线电池供电低功耗视频监控系统如图6-1所示。

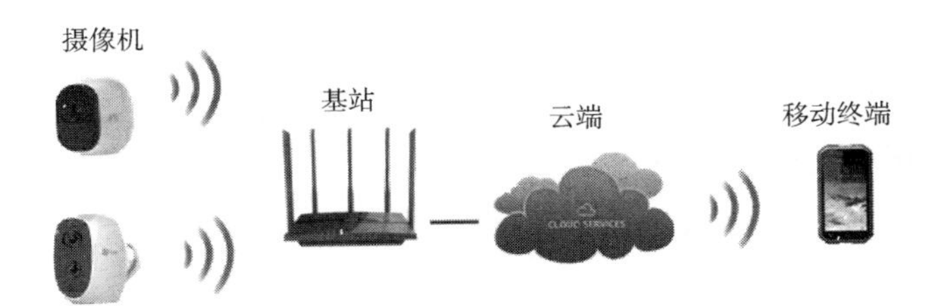

图6-1 无线电池供电低功耗视频监控系统

1. 硬件方案设计

电池供电低功耗无线网络摄像机的硬件设计分为音视频子系统、低功耗管理子系统和电池子系统三个部分，其硬件框图如图6-2所示。

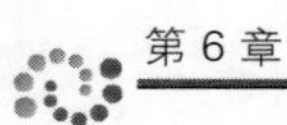

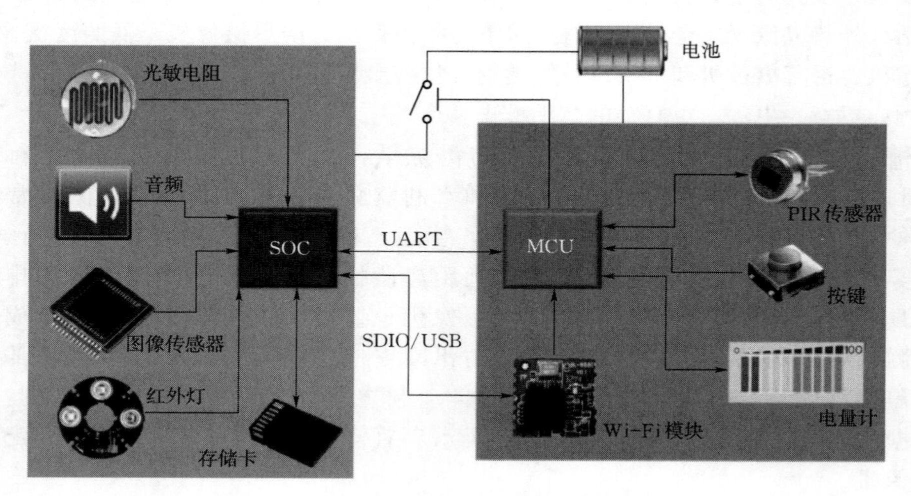

图6-2　电池供电低功耗摄像机硬件框图

（1）音视频子系统。音视频系统核心器件是图像信号处理和压缩SOC芯片（IPC芯片），外围有图像传感器芯片、音频采集和播放芯片、红外灯、光敏电阻器件以及存储器件等。IPC芯片主要功能是图像和音频的信号处理，音视频数据存储，无线信号传输，以及和基站（无线路由器）的协议通信。音视频子系统在未被启用时间段处于完全断电状态，仅在系统被激活后，此部分上电并进行相关业务的处理。与低功耗管理子系统可通过UART串口连接，用于沟通被激活的状态以及其他一些状态和命令信息。

（2）低功耗管理子系统。低功耗管理子系统（图6-2）处于长期供电状态，核心部件有低功耗MCU处理器、无线Wi-Fi模块、被动红外检测以及其他按键、指示灯和电量计等。被动红外检测是用来测试外部环境的入侵情况，在一定范围内检测到有入侵发生时，将发送触发信号给MCU，由MCU来供电并唤醒整个音视频子系统，进行视频和音频的抓取。无线Wi-Fi模块用于和接收端基站（或路由器）的通信。此类通信数据大体上分为两种：一种是工作模式下的音视频数据和控制指令；另一种是低功耗模式下的保活业务。和接收端基站的保活，是为了在整个链路上保持业务的连接性和活跃性，以便达成在音视频业务触发后的快速恢复数据通信，以及用户终端对低功耗相机的实时控制。低功耗管理子系统的对外业务接口如图6-3所示。

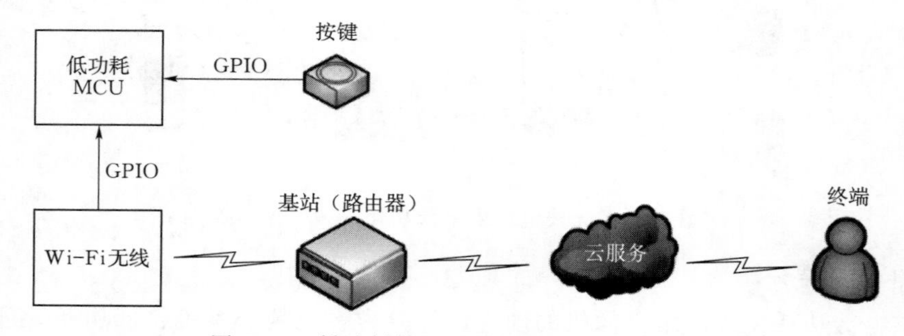

图6-3　低功耗管理子系统的对外业务接口

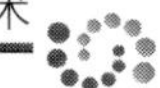

(3) 电池子系统。电池子系统包括电池及供电电源模块，若电池采用可充电电池，那么也包括可靠的充电电路。电池子系统的关键设计点是电源模块的转换效率和低功耗设计，这两个指标均是为了提高整体方案的功耗设计水平。

2. 业务方案设计

电池供电低功耗无线摄像机的业务类型包括有音视频传输、待机保活、远程唤醒和状态通知等。其中的视频采集和传输与待机保活是最核心的两大业务，分别有其特别的设计和考量指标。

当音视频子系统因为触发被激活时，说明此时有即时的监控需求，需要能尽快启动系统并抓取一段时间的视频数据。所以，从触发开始，到抓到第一帧正常的视频图像为止，这段视频的第一帧出图时间指标是低功耗摄像机设计的最重要的指标之一。影响此指标的因素包括 IPC 芯片上电启动时间、程序加载和运行时间、图像传感器采集时间和图像质量调整时间。IPC 芯片快速启动视频采集如图 6-4 所示。

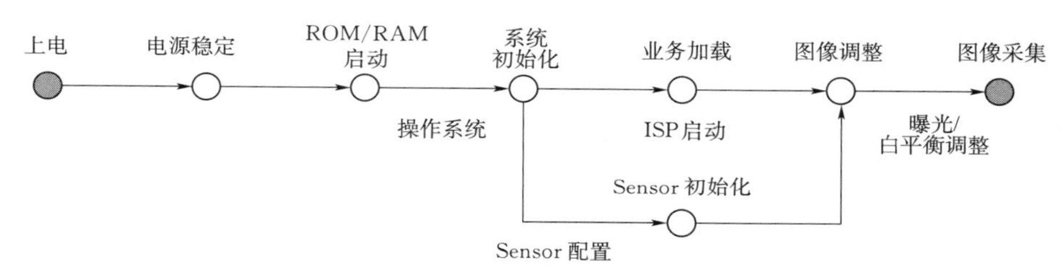

图 6-4 IPC 芯片快速启动视频采集

待机保活功能是影响系统整体待机功耗水平的重要因素。待机保活负责在系统休眠时保持和基站的心跳连接。其主要目的是保持业务的活跃性，在系统激活后进行快速数据传输，提高用户体验。另外，待机保活也是用户终端能实时管理摄像机终端的途径。一般而言，待机保活是通过 Wi-Fi 自身的保活功能来实现的，Wi-Fi 模块将周期性地苏醒并处理接收的报文信息，检查是否有用户终端来的需求报文，而且只有约定好的特定报文才会将 Wi-Fi 从待机状态中唤醒，并激活整个系统。

远程唤醒和状态通知业务用于处理用户使用和管理的相关事务，可提供用户实时的管理设置和状态监控需求，以及摄像机自我状态的告知提醒。用户的实时管理，用户终端通过云服务到基站，再通过 Wi-Fi 保活功能进行系统唤醒，系统唤醒后，便可以进行图像监控、电池电量设置和图像效果设置等管理操作。摄像机在自我检测到一些预设的触发条件被触发时（比如电量告警），也可以唤醒系统和云端、用户端进行通信，将触发信息进行远程通知。

得益于电池技术、芯片低功耗设计技术、Wi-Fi 无线低功耗技术以及云端技术的发展，电池供电低功耗无线网络摄像机的性能已经能满足普通的触发式视频监控需求。目前，比较成功的电池供电低功耗无线网络摄像机产品有美国 Netgear 的 Arlo 系列产品、亚马逊公司的 Blink 系统产品和海康萤石的电池相机系列产品等，其典型的使用时间均在半年到一年。而且，这些产品的背后均有强大的云服务做业务支撑。未来，结合了诸多先进的电池、芯片和网络技术的低功耗无线网络摄像机性能会进一步提升，包括有更高的图像分辨率、更佳的复杂环境图像质量和更多的智能应用和更长的使用时间等，综合其极佳的使用便利性，将会使水利业务领域得到更广泛的应用。

6.5　小　　结

本章介绍了视频智能监控技术的发展及应用现状，并介绍了在水利应用中存在的问题，通过分析现状问题与新技术发展趋势，提出智能识别技术与前端智能化、边缘计算与云计算协同融合的关键技术，从图像分类、目标检测、图像语义分割、场景文字识别、图像生成、人体关键点检测和度量学习等 8 个方面对智能识别进行分析。从前端智能化、边缘计算与云计算 3 个方面分别进行介绍并提出三者融合技术。

参 考 文 献

[1] 康绍忠，熊运章．作物缺水状况的判断方法与灌水指标研究 [J]．水利学报，1991 (1)：33-39.

[2] Palmer W C. Meteorological drought US [J]. Weather Bureau Research Paper，1965：45-58.

[3] 姚玉璧，张存杰，邓振镛，等．气象、农业干旱指标综述 [J]．干旱地区农业研究，2007，25 (1)：185-189.

[4] 王玲玲，康玲玲，王云璋．气象、水文干旱指数计算方法研究概述 [J]．水资源与水工程学报，2004，15 (3)：15-18.

[5] 安顺清，邢久星．修正的帕默尔干旱指数及其应用 [J]．气象，1985，11 (12)：17-19.

[6] 赵惠媛，沈必成，姜辉，等．帕尔默气象干旱研究方法在松嫩平原西部的应用 [J]．黑龙江农业科学，1996 (3)：30-33.

[7] 马延庆，王素娥，杨云芳．渭北旱塬地区旱度指数模式及应用结果分析 [J]．新疆气象，1998 (2)：33-34.

[8] 张强，潘学标，马柱国，等．干旱 [M]．北京：气象出版社，2009.